当你开始爱自己，全世界都会来爱你

—珍藏版—

周梵 著

华龄出版社
HUALING PRESS

图书在版编目（CIP）数据

当你开始爱自己，全世界都会来爱你 / 周梵著 . -- 北京 : 华龄出版社 , 2023.6

ISBN 978-7-5169-2548-5

Ⅰ . ①当… Ⅱ . ①周… Ⅲ . ①人生哲学—通俗读物 Ⅳ . ① B821-49

中国国家版本馆 CIP 数据核字（2023）第 105760 号

策划编辑	王妍萍	**责任印制**	李未圻
责任编辑	李梦娇	**装帧设计**	王颖会

书　　名	当你开始爱自己，全世界都会来爱你	**作　　者**	周　梵
出　　版 发　　行	华龄出版社 HUALING PRESS		
社　　址	北京市东城区安定门外大街甲 57 号	**邮　　编**	100011
发　　行	（010）58122255	**传　　真**	（010）84049572
承　　印	天津明都商贸有限公司		
版　　次	2023 年 9 月第 1 版	**印　　次**	2023 年 9 月第 1 次印刷
规　　格	880mm × 1230mm	**开　　本**	1/32
印　　张	8.25	**字　　数**	213 千字
书　　号	ISBN 978-7-5169-2548-5		
定　　价	49.80 元		

自序

由爱而生的勇气，足以抵抗世间所有的孤独

I'll always be with you on the road moving towards the light

《当你开始爱自己，全世界都会来爱你》出版五年了，当初在写这本书的时候，完全没想到它能影响这么多人，无论是在线下的工作坊中，还是在线上直播间里，都有很多的读者、学员来告诉我，这本书对他们的影响有多大，甚至很多同学会拿出翻得已经变成两倍厚的书，来课程现场找我签名，还有些学员会向我展示他们在书里面做的各种标注。还有很多同学说，“我把这本书推荐给了身边很多的朋友……”

这本书能给这么多人以情绪上的支持，这让我很欣慰，我想这是因为，在人们内心深处，隐隐有这样一个朴素的认知——我所有拥有的生活的源头是自己，我的状态很重要，更好地关怀自己，才能更好地照顾好身边的人，让自己的生活更好地运转。

经常有人问，为什么我不能行动，为什么我总在逃避和拖延？为什么我成不了学霸，为什么我做不到那么自律，为什么我总是想的比做的多。我在自己的人生经历和对他人的研究观察中找到了答案——因为缺爱，不够爱自己，不够相信自己。

“行动起来，成为想成为的自己。”不是一句简单的口号，只有深层次的、强烈的驱动力，才能让我们的“改变”持之以恒。“不够爱自己”，既无法创造出强烈的动机，也无法让我们拥有足够的能量去行动和创造，还会在生活、工作中，以消耗自己的方式去维持生命的运转。

人类的内心是如此的广袤复杂，以至于我们对自己的了解非常表浅。我们常常让自己陷入各种事务和目标中，不断忙碌，却未必真的了解自己，知道自己内心深处真正渴望什么，我们对自己总是很容易产生盲目的误解。好在，我们还有关系，关系能让我们看清自己，能给我们了解自己的线索。

当一个女孩独自漫步在公园，看着公园里锈迹斑驳的长椅，突然黯然神伤，心想：“这么多人会使用它，但却没有多少人关心它、感谢它，它好可怜。”

她真的是在说这把椅子吗？她在说的是她自己！她内在有一个关于自己的付出不被看到的委屈，在日常事务中，她没有给出时间去关注自己这份藏匿很深的情绪，于是在一个偶然的瞬间，在和一把公园长椅的关系中被投射了出来。这样的投射当然不仅仅局限于一把椅子，它可以是一份工作、某个人，比如自己身边的朋友——她会假想他们如何看待自己，或者是恋人、家人……甚至都不需要一个具体的人，一个人在路上行走都可以投射出一个想象的关注者，并想象对方是带着怎样的眼光来看自己，欣赏、喜欢或是挑剔。事实上，在很多场景中，我们就是在玩这种投射和被投射的游戏。

如果说我们的生活是一幅画卷，我们既是欣赏这幅画的人，是这幅画的画手，是这幅画的创作素材，也是作画时使用的画笔和画纸。作画的过程，就是判断自己、塑造自己、使用自己、了解自己的过程，我们也在这个过程中，对自己产生进一步的判断、塑造……这个过程每个人都在进行，差别只在于是无意识的，还是有意识的。

这辈子，我们要做别人的孩子、朋友、伴侣、父母，我们会遇见很多人，也会和一些人建立深度关系，他们会陪我们走过人生中的一段时光。但无论是父母、孩子，还是伴侣、密友，都无法陪我们从最初走到最后。只有一个人我们要和TA一直在一起，面对TA，接受TA做的选择，这个人就是我们自己。对于要陪我们一生的这个自己，我们真的需要更多的了解，学习如何更好地和TA相处。

人在这个喧嚣热闹的世界中投射、被投射、纠结缠绕、分享陪伴，在另一个维度中，人也是孤独的。有时候，再亲密的人，也无法听你分享。有很多时刻只属于你，哪怕那段时光中有别人，但别人的感觉和你的感觉也未必相同。

以前我独处的时候，如果有一些闪光的感悟或想法，我会立刻把它记录下来。现在很多时候我会选择不去记录了，我想好好地体验被遮蔽的心，被一个洞见点亮时的欣喜，真正属于我的瞬间，不就是这些吗？就如同电影《白日梦想家》中的一幕，主人公米蒂历经千辛万苦终于在喜马拉雅的皑皑雪山上，找到了蹲守多日的大摄影家，终于等来了他此行的目的——雪豹。短短几十秒的现身，但他却把眼睛从取景器中移开，用肉眼静静欣赏这一幕。他告诉米蒂："有时候我不拍。如果我很喜欢某个瞬间，我不喜欢相机干扰我，而是这样静静地享受这个时刻。"

这个时代，能安静下来让自己好好读一本书，拥有一刻属于自己的安静时光是很奢侈的，很高兴在这个短视频碎片信息横行的年代，这本书还能有机会再版。我在这本书珍藏版中新增了三万多字的内容，有些自我探索的话题会触及得更深。希望此次再版，能继续支持大家、陪伴大家，也让大家有机会更深地了解自己、接纳自己。

爱自己意味着跟自己建立一段健康亲密的关系，当我们内心丰盈、内在完整，你就可以成为自己那个最有爱，且成熟、智慧的爱人。

这个爱人能接纳你而不是纵容你，能督促你而不是逼迫你。

而且这个爱人不仅爱此刻的你，还爱不同时空维度的你。

这个爱人会爱过去的你，哪怕曾经的你太过天真愚钝，而且曾经的你做的选择要今天的这个爱人一起埋单。

这位爱人也爱未来的你，不是爱未来的已经成为自己所期待的样子，而是爱你所有可能的样子。

这个爱人能欣赏闪耀的你，也能陪伴微时的你，能陪你经历波澜起伏，也能陪你享受平凡的点滴。

想想生命中如果有这么一个人存在于自己身边，是多么的幸福有力量，而我们可以通过重新建立和自己的关系来体验这种感觉。作为走过这条路的人，我负责任地告诉大家，亲测有效。从本质上来说，我们重新建立和自己的关系时，就意味着重新建立了和世界的关系，毕竟我们拥有的只有我的世界，而不是别人的世界。

于是，当你开始爱自己，全世界都会来爱你。

自序 我愿陪着你，走向光所在的地方

I'll always be with you on the road moving towards the light

我在写这本书的时候，恰逢杨绛先生去世。她是中国近代一位真正的新女性，突破了很多文化的桎梏成长为一个真正懂爱、有力量、独立的女人。她曾在100岁生日时感叹：“世界终归是自己的，与他人无关。”当人可以完全身心一致地意识到世界是自己的，与他人无关时，才能真正地感受到在各个层面的自由，物质的自由、情感的自由、关系中的自由、思想的自由，才真正有一种世界完全向自己敞开，并且可以随自己心意创造的感觉。就如孔子说的“从心所欲不逾矩”。任何人达到这个境界时都会体验到彻底的自由和发自心底的喜悦。所以杨绛先生的离世，我没有丝毫悲伤，因为体验到这种境界的人面对死亡是没有遗憾的，那只是另一种形式的重新出发而已。

我记得曾经看到美剧里的葬礼现场，葬礼就像一个家族欢聚的Party一样，逝者的儿女家人们在灵柩前说着逝者生前的笑话，完全不像我们传统葬礼中要披麻戴孝，生离死别、悲痛欲绝。我当时非常震撼，惊讶于葬礼竟然可以是这样的，怎么可能是这样的，这和我了解到的死亡完全不同。但后来我意识到我们是可以不怕死的。如果这个离开的人一生活得尽兴自在，爱自己、爱他人，没有虚度自己的每一天，无论何时他都会有一种“即使这一刻死了，我也觉得此生无憾”的感觉，那么他的离开绝不会是一件很悲伤的事情。大家可能会舍不得甚至怀念他，但并不会悲痛，遗憾这个人的离开。倘若每个老人都是这样离开，那么他们的儿女亲人也不会悲悲切切，也许就像开一个特别的欢送会，感激她留给家人子女的宝贵的精神力量，每个人都带着祝福和感动。我确定我以后的葬礼就会是个样子。

所有人类焦虑和恐惧的核心其实只有两个，第一个是害怕没有人爱；第二个是害怕不再存在，也就是死亡。这本书我们更多地会探讨第一个问题，而当我们彻底突破对于不被爱的恐惧，那么其实也就不会再那么惧怕死亡了。

可惜智慧这回事和年龄绝不是成正比的。一个人若无任何自省和学习，浑浑噩噩虚度几十载，即使年华老去，却依然执着于一些十几年前甚至几十年前发生的事情，耿耿不能释怀，或者脾气秉性也和年轻时没有太大的改变——从愤青变成愤中再变成愤老，岁月留下的也只是苍老的面容和逐渐衰败的身体，心性智慧却并没有随着年龄等量增长，这真是件非常可惜的事情。

而好消息是，生在这个时代，我们比杨绛先生，比我们的父母，比很多人都拥有前所未有的机会，我们选择生活方式的自由程度也要比过去大不知道多少倍。我们可以获得的教育资源、可以接触的信息超乎想象得多。而我们需要做的只是让自己的心更沉静一些，选择那些真正对提升自己有帮助的信息。从现在开始每天给自己几十分钟时间读一本好书，和一个高尚智慧的灵魂对话，好好滋养自己的心灵也是很重要的爱自己的方式。也许我们并不用等到100岁才活明白，也许我们可以在很年轻的时候就拥有成熟的灵魂。我想人生最美好的事情莫过于一个强健年轻的身体里住着一个成熟睿智的灵魂，同时又拥有对万事万物充满好奇、孩童般热情而纯粹的心灵。

根据量子物理学的原理，意识不灭，真正的死亡从来都不存在。然而在另一个层面上在你的意识载体之上，拥有这样一个特别身体的你，出生在这样一个家庭中的你，有着那些经历的你依然是独一无二的，即使这个意识以另外一种模样延续，但那种形式的你和这个你又是不同的。所以当意识以正在看着这本书，这样面容这样一个独特形式的你而存在的时候，这真的是一种很特别的经验，这是宇宙送给你独一无二的礼物，好好珍惜它、使用它、体验它！

这本书最重要的价值是可以帮助你更好地活出你自己，而且当处在不同的人生阶段时你能从这本书中得到完全不同的领悟。所以不要认为你看过了它就对你没有帮助了，即使看过它，当在下一次又碰到挑战时你依然可以拿起这本书翻开它的目录看看哪个标题会吸引你的注意，然后翻到那一章，你会发现你又将从中汲取到新的力量！

在这本书里，我袒露了很多我自己成长过程中的体验，我曾无力迷茫，深深地活在别人的眼光中，傲慢又自卑，害怕自己不够优秀。不安和压力如同一种常规的背景蔓延在我的生活中，即使有开心和获得些成就，也是建立在这样的底色之上，以至于我很难想象它们不存在的生活是什么样子。但因为还有“大家都差不多，生活就是这样”这个理由支撑着我，所以我从未决心做一些真正意义上的改变，最多只是做些修修补补地调整。

当大女儿出生之后，我在陪伴她的过程中越来越感到力不从心，在她十个月的时候，我的父亲被确诊罹患胃癌。这个时候，我终于不能再自欺欺人了，我意识到我是如此脆弱不堪一击，于是在那一年，我走上一条自我革命的成长之路。

这一路上有很多老师适时地出现，引领过我。舒俊琳、赖佩霞、艾克哈特、武志红、克里斯托弗·孟、张德芬、肯·威尔伯、彼尚……无论是他们的课程还是书籍，都对我的某个阶段有着巨大的帮助，非常感谢这些美好、智慧的灵魂，我们可以彼此映照。

我早已不是那个无助的小女孩。现在的我，前所未有地喜欢自己，对自己无比满意。我已经是两个孩子的母亲，经营着两家公司，我是瑜伽习练者、跑者、极限运动爱好者、心灵导师、作家……我越来越多地活出自己的天赋，每一天都活在满满的喜悦和自在当中。

我很愿意把所走过的路，所得到的支持分享给更多人。

和很多老师不同，我并不是“天生本厚”的那种人，曾经被裹挟在世俗生活中费力证明自己又无力挣脱的体验，在这个时候反倒成为一种资源。因为一个盲人学会重新看见世界时，会比那些天生就看得见的人对正在摸索世界的盲人有更多耐心和理解，哪怕他们磨磨蹭蹭、战战兢兢，明明没有危险却举步不前，因为我知道那是一种怎样的感受，知道他们正在经历什么。

我知道这个过程并不容易，但也真的非常值得用心去行走。所以我愿意在你身处黑暗时，陪着你，如果你愿意把手交给我，我会陪着你，直到我们一起走向光所在的地方。

最后你会明白，归根到底，这分力量终究来自你的内心深处。

祝福你和你的世界从此光彩夺目，顺遂安好！

Loving yourself, means that you're winning the love of the world.

前言

你生命中所有的问题，都来自你不够爱自己。

> 最坏的事情是人一生都不了解自己，因此一生就白白浪费了，不管多么富有、多么成功都没用。不依赖他人的评价来行动，不去取悦他人，而是取悦“自己”。
>
> ——迪帕克·杜德曼德 博士

最大的利他就是利己

有些人很懂得爱自己，爱自己的人自我价值感高，觉得爱与被爱都是可以轻松不费力给予或得到的事。当进入任何关系时他们不会时时担心会被对方抛弃，会有很强的安全感；当一份更好的事业机会来到面前时他们内心也会坦然去尝试去接受，而不会惶恐，惴惴不安。当碰到自己喜欢的人他们会去努力争取，而且和对方在一起之后也不会有“不配得”感，会从心里相信，自己就是对方能碰到的最好的伴侣，会很认真地去爱，而不是因害怕被伤害而有所保留，亦不会常常试探对方对自己是不是真心。

当感受到爱真的离开时，绝不会为了一些所谓的“现实原因”

而苟且将就，也绝不为了报复别人而消耗自己。因为这些人从内心深处明白，没有任何人任何事比自己的幸福快乐更重要。

有些人天生“本儿厚”，他一出生照顾者就给他满满的爱，让他感觉到“我是值得被爱的”“我值得拥有所有我想要的东西”“我的感受很重要，我的感受值得被尊重”。

还有一些人的自爱力不是天生的，是后天学来的。这些人经历了很多痛苦和困境终于不再把这些问题作为讨伐他人的理由，而是开始作为自我改变的契机。早期在他们成长的过程中，他们的照顾者（父母）也活在自己的惶恐和疲惫当中，没有给出足够的爱，他们得到很多的苛责，被忽略，被各种限制，不断被比较，被嘲讽，被评判……他们的自我价值感越低就会发展出越厚重的面具人格，这个面具人格就是为了获得爱的生存策略。例如讨好他人，总是压抑自己，让自己变得很乖，从不表达自己的需要，努力鞭策自己让自己变得非常优秀，等等。这些孩子长大之后，无论表面上看起来多么帅气漂亮，多么成功优秀，在他们内心深处始终有个声音觉得自己不够好，并总会无意识地与一些比自己某些地方做得更好的人来比较。当和喜欢的人在一起时，最常怀疑的一件事就是“她/他真的爱我吗？”。

但不知从哪一刻开始，他们开始觉醒，开始成长，他们开始把最初原生家庭给自己设置的“原始代码”给破解了，甚至重新编写代码，重新审视自己的人生，重新审视自己。他们不是天生的好运者，正因为有不爱自己的历史，当他们重新学会“爱自己”时，他们才更懂得对自己的这份无条件的爱是多么的珍贵。

而更重要的是，这些人会停止自己家族曾经的轮回，他们不会把自己的模式延伸到孩子身上，而是会用一种全新的境界来陪伴孩子，不再让孩子体验到和曾经的自己一样无力的感觉，让孩子的心中充满了爱和力量。我想，这大概是父母送给孩子最好的礼物吧。

当你看到这本书的时候，意味着你内在的某个部分开始觉醒，你生活中的某些领域出现的一些状况（例如：关系、金钱、事业或健康）在提醒你，你需要重新审视自己的生活，当你的洞察足够深入时你会发现：所有的问题归根结底都是关系的问题，所有关系问题的本质都是对自己的爱不足够！

当我们谈到“爱自己”时，很多人认为爱自己就是自私。甚至还有不少人仍旧把“一辈子为他人而活”当作值得歌颂的美德。可是他们并不明白，一个不会爱自己的人也不可能懂得如何爱他人，当人们自己都没有体验到给自己的爱是怎样的，那么所有给出去的充其量只是爱的代替品，可能是讨好、交换、补偿、依赖、迷恋、需要……但那都不是真正的爱。

如果自己都从未感受到对自己的爱，哪里有爱给得出去呢？就好像当你想给别人一个苹果时，你至少要拥有一个或一个以上的苹果。所以那些生活在“一辈子为他人而活”的人身边的家人朋友，并不会有多么幸福快乐，因为没人能够承受某个人只为自己而活，在这种畸形关系里体验到的绝不是爱，而是沉重的压力和窒息感。

当你不爱自己的时候，你所给出的爱只是为了得到他人的爱而给出的某种交易而已。你会计较自己曾经为对方付出了那么多，对方为什么看不到；为什么自己为他牺牲这么多，但当自己需要他为自己做点什么的时候，对方却做不到。

所以佛家说，最大的利己就是利他，最大的利他也就是利己。

当你真正开始懂得如何无条件地爱自己，让自己幸福的时候，你的爱就会自然而然溢出来流向你身边的人，这种爱才是纯粹的，没有控制性的，无条件的爱。

所有有条件的爱都是暂时的

所有有条件的爱某种程度上来说都是一种交易或者操控。这个世界上用各种途径来强化你对自己有条件的爱的渠道已经非常多了，那些试图控制你的人、商业系统、广告，都是如此。

这些有条件的爱都是交换而且是暂时的，当我年轻、漂亮、健康、身材好的时候我就爱自己，我能干、有钱、做出了正确的决策，或者事业蒸蒸日上时我就爱自己；反之，当自己开始衰老，脸上长出色斑或者皱纹，出现了肚腩时就会厌恶自己；遇到事情无能为力、破产负债、或者做错了决定，被解雇降职或者退休时就会怀疑自己、否定自己。

因此，我们在谈自爱力的时候，是在谈完完全全对自己的爱，更准确的表述是——无条件爱自己的能力。

没有交易，没有条件，没有评判，如同大地对她所孕育的万物一般的爱，如同太阳的爱。不管你是谁，你在哪里，你做了什么事，都同样温暖地照耀你。

大多数人很难想象这种爱可以来自某一个人，这简直就像神的爱。甚至有人会质疑这种爱真的存在吗。更无法想象自己可以得到这种爱或是给出这种爱。首先，我并没有说这是一件很容易的事，它确实不会那么容易，但并不代表它不会发生。每一个人的内在都有三个不同的层面：动物的本能性、人性和神性。至于哪个部分会成为你的主体，取决于你是否在每时每刻关注着那个部分并选择活出它。当你活出神性时，你就可以体验并给出真正无条件的爱。

而第一个感受到这份爱的人就是你自己。然后你会看到，你生命中所有的问题都会迎刃而解。你的疾病会被疗愈，金钱问题会解决，体验到丰盛和富足，会开始拥有亲密信任的关系，还有很多如奇迹般的美好的事情发生在你的生命中。

为了获得这样的生命状态，无论如何都值得一试，不是吗？

你准备好迎接这一切的到来了吗？

目录

C O N T E N T S

第一章

看懂自己，你的人生才真正开始

面对自己，
看懂自己，
我们才可以获得
真正的自由，
你做的选择才是你真
正的选择，

而不是在命运的车轮推动下
你的自动化反应。
这时你的人生才真正开始。

爱自己之前，先了解自己

记得在很久以前，曾有过关于为什么总是看到 A 女配 B 男的文章（或者反过来 A 男配 B 女，总之就是为什么那些优秀的男女最后的伴侣看上去都很平庸）。大体一致的观点是，A 男 A 女们都眼光奇高，匹配他们的其他 A 男 A 女们也自视甚高不愿伺候，所以都只好找相对差一点但脾气温和并且有奉献精神的 B 男 B 女们了。很多人也认同这种说法，但如果你懂得心理学，懂得潜意识这回事，懂得人是怎么塑造自己生活的，你就会知道真正的缘由，绝不是这么简单的。

如果不年轻，我们就不会犯错吗？

我的一个客户苏卉（化名），就是这样一位 A 女，私营企业主，自己有 3 家美容院，能干，漂亮，生了孩子都依然保持着火辣的身材，开着宝马 5 系，品位一流。她就是那种电影里会让人惊艳的女人，从打开的宝马车门优雅地放下穿着高跟鞋的小腿，你就会驻足期待看到那双腿的主人，当她从车里起身出来时你绝对不会失望，不管是婀娜的背影还是她转过身时姣好的面容。这样的女人何止是 A 女，简直是 A++ 女了。

但当一个常年穿着灰色夹克，不算胖却有些肚腩，说话时眼神带着几分闪烁，普通得不能再普通的男人和她一起出现在公众场合，并被介绍说是苏卉的先生时，几乎所有人在惊讶之余都会在心里无比惋惜，心里都会有个声音："她怎么会和这样的人结婚？"

这样的组合，很难想象他们的婚姻会甜蜜顺遂。

苏卉告诉我，在过去和他生活的这七八年中，她至少上百次动过离婚的念头，说出口的都有几十次了。不是因为他不够富有，不是因为他外表平庸，而是因为这个男人真的太安于现状了。他在当地税务机关担任基层管理职务，工作平淡而安稳，他最大的梦想就是能好好过日子。更过分的是，他特别擅长挖苦打击自己的太太"卖弄风骚装模作样""喜欢瞎折腾""就是喜欢钱""忘恩负义"……

她在说那些故事时哭得像个孩子，精致的眼妆被眼泪冲出一条条灰黑色的痕迹，"我知道，你肯定很想问我为什么不离婚，我身边很多人也问过我这个问题。"

我递给她一张纸巾，"嗯，说说看。"

"以前我跟他提过，他不同意，还闹到我父母那边去了。他虽然对我很不好，但是他是个好爸爸，对孩子很好，而且我现在工作这边有很多需要操心的地方，如果我跟他离婚，我一个人带孩子，还有店里这么多事，我怎么顾得过来。而且他也确实没做过什么不可原谅的事情，我不想让我父母这么大年纪还为我操心，而且他也不是总对我不好，有时候他也会对我很好，我出过轨，我现在都不知道他到底知不知道，算了，就这样吧……"她已经有些语无伦次了。

很难想象，在工作中独立干练的苏卉在如此重要的人生领域中拉扯纠结了这么多年。而苏卉这样的女人，或者说这样的人却无法拿出力量做出一个真正的决定，一直在拖延，既不决定离婚，也没有决定好好留在婚姻里经营这段感情，去面对，去沟通。我常常对这样的学员说，你要么站起来跑，或者累了就躺下来好好休息。但很多人不，他们既不跑也不躺下来安心休息，他们选择蹲着。

故事讲到这里，大家一定会好奇一件事。优秀如苏卉，当初怎么会选择嫁给一个这样的男人。

如果是之前的A女配B男的逻辑，当然很好解释。但苏卉刚认识她先生时才24岁，懵懵懂懂，那时的她也算不上什么A女，更无A女的高冷和不易亲近（事实上即使现在她也没有）。

回忆起当年，苏卉印象最深的有两件事。谈恋爱的时候，他风雨无阻地每天来接她下班，还有在她生病时给她炖鸡汤，因为这几个细节，虽然她并不爱他，但她感动了，就结婚了。最后她归结为“当时太年轻，什么都不懂犯的错误”。

我们常习惯把生活中不想要的结果归因于年轻，好像我们不年轻就不会犯错误一样。事实上会犯错误不是因为年轻，而是我们对自己认识得太少，不明白自己真正想要的是什么。

年轻时的苏卉太渴望被爱了，自爱太少了，那时无论谁对她好，她都会和那个人在一起，因为她需要的只是有个人来填补她心里的那个爱的空洞而已。至于自己是谁，想要什么样的人，想过什么样的生活，她压根儿就没有想过。

潜意识里的自卑感与我们所拥有的相貌和财富无关

到了这个时候，必须谈谈苏卉的原生家庭了。

苏卉出生的C市不大，但是个很宜居的地方，家境中等，父亲是初中语文老师，母亲来自农村，年轻时很漂亮而且能干好学，是厂里的高级技工。母亲因为户口问题在工作上受了很多排挤，本来嫁给父亲是因为父亲是城市户口，但父亲“不会来事儿”，没有像她希望的那样，帮她“走动走动”，所以母亲把工作上所有的不顺，都归结于父亲的无能。

在苏卉的记忆中，父母感情很不好，经常吵架，吵得凶的时候妈妈连她也一起骂，有时候连“贱货”“骚里骚气勾引人”这样的话也骂。苏卉睁圆了眼睛瞪着我：“你说，什么样的妈妈会这样骂自己的女儿？”印象中，母亲从来都不会表扬她，最高评价就是“还可以，但我告诉你，比你厉害的人多得很”。

爸爸是个不善表达的人，这也是妈妈经常数落爸爸的地方，妈妈常常说自己命苦，“嫁了个靠不住的男人”。有一次，妈妈在外面买东西，跟别人吵起来，越吵越凶，引来了好多人围观，爸爸在旁边拉了下妈妈，说“算了，算了，别吵了，回去吧”，妈妈回头指着爸爸的鼻子破口大骂：“你个窝囊废，我被别人欺负，你还帮着外人！”后来这件事被妈妈说了好几年，几乎每次吵架都要拿出来说一遍，常说的话就是“我这辈子就是命苦，最后谁都靠不住只能靠自己，养个女儿也是靠不住的”。有时苏卉在旁边写作业，常常不知怎么火星子就会溅到自己身上，所以在她成年后很长时间，在外面看到有人吵架，甚至大声说话，她就会莫名其妙地身体发紧，很恐惧。

虽然衣食无忧，但童年生活在这样的家庭氛围中，深深的自卑早就种在了苏卉的潜意识里，这种自卑感和相貌无关、和财富无关，所以你会发现你认识的很多帅哥美女，他们内心也会不自信。即使后来功成名就，但这种自卑感可能依然挥之不去。

当一个人觉得自己不够好时，配得感就会很低，会觉得自己这样的人不配拥有更好的、更幸福的生活。这也是为什么即使到现在所有人都觉得她很优秀了，苏卉依然无法从婚姻的困局中真正突破的原因。她不相信自己能过上更自在的生活，所以连寻找出路的力量都没有。

苏卉在成长过程中，长久以来都渴望有人能够真正对自己好，温柔地对待自己，这样她会觉得自己起码还是有人爱的，还是不错的。所以当她进入婚恋的年纪时，出现了一个对她好的人，正好在适当的时候温暖了她。而即使真的出现一个她爱慕的 A 男，苏卉也是不敢要的。为什么？因为隐藏的自卑感会让她不敢靠近这样优秀的男孩，这会让她没有安全感。

一个人如果觉得自己不够好，当他和一个足够好的人在一起时就会担心被抛弃。即使对方从未有过这种想法，这种觉得自己不够好的不安也会随时随地笼罩着自己，所以苏卉才会和她最爱的人分手，她的各种不安和猜忌必然会导致这种结果。

而苏卉现在的先生，因为真的很普通，所以和她内在隐藏的自我价值评估系统吻合了——“不够好的我配这样的男人才是安全的”。

如果只是这样，其实就没有问题了，生活会平和顺遂地过下去。但人的意识是多重的、矛盾的、冲突的，苏卉还有另外一种自我认同，就是社会层面上的认同——“你看，我聪明漂亮，能干上进，还会赚钱，我比很多人都强，其实我还是不错的。”这也是其他人普遍看待她的角度，更表浅，更主流，也是更容易被发现的角度。

会控制我们的，都是我们不了解的东西

所以问题就来了，一方面苏卉潜意识里觉得自己不够好，只有和这样的男人在一起才安心（因为能保证他绝对不会离开自己），另一方面又不甘心，为什么这么优秀的我只能和这样的人在一起，在老公面前又有强烈的优越感和傲慢。就这样，一个自卑的自己和一个自负的自己相互攻击，轮流坐庄。

这就是为什么很多像苏卉这样的人既不选择向前奔跑，也不选择躺下休息，而是蹲在原地，一边痛苦于现状，一边又不准备做任何改变的原因。因为内在有两股力量在拉扯，当苏卉没有对自己更深入地学习和探索时，就无法驾驭这两股力量。

还有另一个版本的苏卉，就是她真的选择和一个世俗意义上很优秀出色的男人在一起，但是她内心深处的低自我价值和不值得被爱的自我认同一样会以另一种方式表现出来，她很可能会在这段关系里诚惶诚恐，强硬倔强又脆弱多疑，导致对方对她的态度改变，最后创造出一些故事来让她体验这种与之相符的感觉。比如背叛、出轨、被冷漠地对待，等等。

甚至，即使她离婚了，如果这两股力量没有整合好，在下一段婚姻中，还是会出现对配偶又评判又依赖的问题，只是依赖和评判的具体方向不同而已。

历史总是惊人的相似，苏卉的妈妈对爸爸最大的不满就是“没用”，而苏卉对先生最大的不满是不上进，都是能干的妻子蔑视无用的老公。苏卉在不知不觉中复制了自己父母的婚姻模式，只是她选择的先生身上还有母亲的影子，他们都喜欢通过表达自己多么命苦多么可怜来指责身边的人，喜欢通过扮演受害者来控制别人。苏卉最痛恨母亲这点，但是年幼的她无力改变，所以她就找了一个有相同问题的老公，因为如果帮老公把这部分改变了，就等于帮助母亲把这部分改变了。这个动力来自孩子对父母的忠诚，因为孩子对父母有无条件的爱和忠诚，所以，孩子认为的父母不好的那些特质，他们又无力改变的，等他们长大之后要么自己变成这样，要么找的伴侣是这样。

这些动力都存在于潜意识当中，若非有进行专业而深入的沟通和探索，一般人是无法意识到的，而这些就是我们的“命”，很多人会周而复始地在生活中轮回类似的故事，不同的人，不同的情景，但都有相同的感觉和相同的结局。

所以不要总把现在生活的问题草率归因为“当年年轻不懂事，做了错误的决定”，说得好像我们年龄大了就不会犯错似的。

当我们不了解自己时，自然就会被自己的“命”牵引着去一个自己根本不想去的地方。

但是在另一个层面，命是可以被改变的。道家有句话，叫作“修行人的命是算不准的”。

如果你想减肥却控制不住自己的嘴，你有没有思索过，自己为什么对食物有那么大的渴望？这渴望跟什么有关？

如果你想看一本书，却一个字都看不进去，你有没有思索，自己为什么脑子这么嘈杂，让脑子安静专注的方法是什么？

为什么你认为自己付出了很多，但旁边的人却感受不到，你有没想过是自己付出的方式出了问题，并寻找改变的途径？

如果你明明知道冲家人咆哮对影响他们的行为发生改变没有任何帮助，甚至会起反作用，为什么你还是一次又一次地控制不住自己的情绪，重复同样的模式？

如果你想运动却觉得身体虚弱没活力，你有没有思索过自己，这种虚弱感是什么时候来到你的生命中的，和什么有关？可以做些什么来获得力量感？

如果你已经意识到自己身上有一些模式导致关系、金钱或健康层面出现问题，但却从来没有付诸真正有效的行动去做一些彻底且有效的改变，对这种无力和拖延的模式如何突破它？

如果你没有真正破除这种模式，却希望在自己不改变的前提下让自己的生活有全面的改善，这基本是不可能发生的，爱因斯坦说我们无法用提出问题的思维来解决问题。

当你真正开始观察自己、了解自己的时候，你才有可能从过去的模式中解脱出来。

因为那些会控制我们的东西，都是我们不了解的东西。

《美国队长 3》里，幻视是我最喜欢的一个角色，他强大而善良，睿智又不失温度。但他却不算是人类，而是人造有机生物体。在影片的前半部分，有一段他和猩红女巫的对话，让我印象深刻。他指着自己额头上的隐藏了宇宙巨大能量的心灵宝石说：“我不算很确切地知道这是什么，它给了我强大的力量，它不属于这个世界，虽然它是我的一部分，但我却对它真正的属性依然未知。”

猩红女巫问：“你害怕它吗？”

幻视回答：“我想了解它。我对它的了解越多，它对我的控制越小。或许某天，我还能掌控它。”

这段对话深刻而清晰地隐喻了我们和我们自身人格或命运的关系。

毕竟我们自己才是那个塑造自己命运的人，当我们敢于进行深入地自我探索，面对自己，看懂自己时，我们才可以获得真正的自由，你做的选择才是你真正的选择，而不是在命运的车轮推动下你的自动化反应。这时你的人生才真正开始。

删光别人，才能看到真正的自己

很多人都有一些困惑，我们知道自己应该更积极去运动，去坚持，去做有意义有价值的事情，虽下过很多次决心，但却常常无法把一件事持续地做下去。似乎内在的力量不够，不足以支撑自己更长时间。

在很多年前，我也是如此。我尝试过很多事，跑步、瑜伽、学跳舞、学英语……无数次开始，又无数次放弃，然后又决心再次开始，又再次放弃，周而复始。

我是七年前开始接触瑜伽的，在那个阶段，我进步得非常慢，最重要的原因就是坚持不下来。而且那个时候每次到瑜伽馆上课都会引发我强烈的挫败感：为什么别人都做得那么好，我的身体却僵得像石头。虽然瑜伽老师常常强调不要跟别人比较，根据自己的身体做到极限就可以了，可只要旁边有人，我的眼光就会偷偷瞟别人。如果发现别人做得很好就会很泄气沮丧，如果发现有那么几个比我还糟糕又会心中窃喜，但是无论是沮丧还是那小小的窃喜，心念都动了，在那一刻就失去了内心的稳定，身体也会因为失去了专注力的连接而晃动或者彻底失去平衡，摔倒在地。

在很长一段时间里我都是在这种状态中练习瑜伽的，一年大概练十次，大部分都是自己偷偷躲在家里练习，每次都觉得累得半死。唯一支撑自己下一次再去练习的动力就是寄希望于未来，希望长期练习之后能瘦下来，拥有像瑜伽老师一样的好身材。

当我们把所有的动力全押注在未来时，就无法专注当下，无法享受做这件事本身的快乐。过程就变成煎熬，如果回报兑现没有如期发生，比如练了几次之后体重依然如故时，所谓未来的回报越来难以支撑此刻的痛苦，放弃只是早晚的事。

因此，我一度给自己贴了个标签，认为自己就是一个“不能坚持的人”，对那些能把一件事坚持很多年，并获得卓越成果的人充满羡慕，那时我想我肯定不是那样的人。包括小时候最喜欢的绘画，我在大学学的是设计专业，可从学校出来之后我一天都没有从事过和画画相关的工作，也再没有拿起过画笔。小时候对画画的热情似乎消失了，一点都不想再画了。我曾经想，如果我连这么喜欢的画画都坚持不下来，那么我就真的不是一个能坚持的人了。

但有一件事我坚持下来了，而且做得很好，就是成为一位心灵导师。从学心理学开始，而后去学习哲学、宗教……探索自己和支持他人，我一做就是七年，越做越好，而且我非常笃定地相信我会一直做下去。

曾经在接受一个媒体的采访时，记者问我，周梵老师，如果你赚到了很多很多钱之后，你会做什么？我认真思索了一下，发现我还是想做我现在做的这些事：讲课、写书、运动、支持他人，最重要的是，我可以借这个过程不断进化意识，探索自己，重建自己。

这件事不为满足任何人的期待，纯粹只是来自内心深处的动力。

你在为别人而活，还是为自己而活

在很小的时候我就问过大人，人到底为什么活着？宇宙有尽头吗？宇宙尽头之外是什么？父母和学校的老师没兴趣给我答案，只是不断地告诉我，别想那些没用的，好好学习，以后好好工作，你正经功课不努力，老想那些没用的干什么，你看看别人家的……

成年之后，我终于成为父母长辈眼中优秀青年的范本，奔波于写字楼、机场，出入高档酒店，我曾经以为我会顺着这个轨迹过完一生，升职，供房，换更好的车……可当我掉入生命谷底的时候，存折里的钱，GUCCI 的新款包包根本一点儿忙都帮不上；当看到最好的朋友遭遇痛苦时，曾经引以为傲的那点儿小聪明根本不管用；当发现父亲罹患癌症的时候，曾经获得过的追捧和赞美什么用都没有。当按部就班朝九晚五的生活突然遭遇这些生命的变故之时，我再也无法安分地满足于供房、养娃、赚钱、追剧的生活了。

儿时萦绕心头的问题再次萌生，生命真正的意义到底是什么？如果没人告诉我，那我就自己把答案找到！这是我生命中开启的第一个没有掺杂任何功利性的目标，和他人无关，只为自己。

做自己真正想做的事情时，力量是无限的。所以这件事我可以坚持得这么好，从来不觉得辛苦并且非常享受，也轻松地在很短时间内取得一些成果。因为一开始这件事就不是为任何人做的，那是内心一股涌动的原始动力。

学习做真正的自己想做的事情是一生中很重要的功课，很多人都在做别人认为他应该做的事情，被要求的时间长了，连自己都忘记自己真正想要的是什么了。

记得有一次我到一所大学做讲座，谈起如何提升自我认同、接纳自己，一个女生举手非常坚定认真地说："老师，我觉得你说的不对，别人怎么看我才重要，我们自己怎么看自己并不重要。"我惊愕地看着那张年轻的面容，无法想象在这个时代竟然还有年轻人会把"为别人而活"作为自己的人生指南，原来并不只有信息闭塞的偏远农村，或者拥有陈旧思想的中老年人才会这么想。

现在想想，这其中也包括曾经的我。

几年前，有一次我去家附近的健身馆游泳，游着游着我突然惊异地发现了一个有趣的现象，每当我快游到水池终点时，我会特别在意自己游得是否优雅漂亮，甚至动作都变得更花哨一些。当我意识到这件事时，才发现前半小时都是这样，这么做的原因很简单，因为在水池终点，坐着一位还算有几分帅气的救生员。

那个时候我已经在心灵成长的路上走了三年多了，我自以为自己已经走了很远了。但当我意识到自己刚才的行为时，不禁心生羞愧：即使是现在，我还是会为一个陌生人“表演”。而我甚至不确定我的“表演”他是否看到了，这个人可能在我离开这个泳池后再也没有机会见面，再顺便说一句，那救生员真的不算非常帅，比起美国大片里的救生员差远了，我却依然因为这样一个无关紧要的他人，改变我的心态和行为。那时，我终于了解，我被别人的眼光制约得有多么彻底，而把自己从别人的眼光中彻底解放出来，对我来说是一个多么紧迫且重要的功课。

在这个世界上确实有很多人，关心别人怎么看自己比关心别人多，关心自己给别人什么印象比关心自己多。我不想再继续做这样的人了。

删除对别人眼光的依赖，才真正可以面对自己

当我开始不断删除对别人眼光的依赖时，我才真正可以面对自己所有的阴暗面，接纳这些曾经想要自我粉饰的部分，终于不再需要在别人面前证明自己，才能真正看到别人、关心别人，而不是因为需要或者恐惧而讨好别人。

真实而慈悲，这时候的自己是力量非凡的。

当我摆脱对他人眼光的依赖，一年前重新开始练习瑜伽时，我再也不去刻意留意别人的动作，而是把所有的注意力放在自己的身体和呼吸

上，在这一年我的进步飞快，我的瑜伽老师说，我体式的状态像练了很多很多年的感觉。我跑步也不再是因为不满自己的体重而减肥，而是当作行禅去关照自己。事实上跑步的过程是很枯燥的，你需要做的只是不断地把左腿挪到右腿前面，再把右腿挪到左腿前面，然后把这个过程重复几万次。如果只是为了跑完之后的结果而无法享受这个过程，我相信没有人可以坚持跑下去。你要做的是把所有的意识都放在当下，从内在去细细体味这个过程，感受身上每块肌肉的发力、心脏有力的跳动、均衡而深入的呼吸，感受一滴一滴的汗液流下来，警觉地觉知在跑步的过程中飘过的念头……这个时候没有过去的懊恼和对未来的恐惧，也完全不再关注别人如何看待你，只是沉浸在此时此刻的当下，你会体验到一种从未有过的宁静和喜悦。所以当跑步变成只是自己的享受时，持续地做下去只是一种享受而从不用费力坚持。我从第一次开始跑3000米到能完成12000米，中间只用了五次过渡，并且再没有中断过。而且我非常笃定，在这种享受自在的状态中，我会越跑越远，并将一直跑下去。

我甚至时隔十三年，又重新拿起画笔开始画画，很大一部分原因是被我的朋友——新锐自媒体“好报”的主编享受绘画不执着结果的状态影响了，虽然他画得真的很难看，但他真的玩得很开心。于是我有一天也决定开始来试试，在画画的过程中，我突然意识到为什么从学校出来之后我再也不想画了，因为在学校学习的过程中，不断被限制、被比较、被要求、被苛责，原来小时候喜欢画画纯粹本然的那股热情在学校学习的过程中无数次被碾压，从学校出来之后，对画画的记忆都停留在那些压力、考试、竞争、疲惫的感觉中，已经忘掉自己最初为什么喜欢画画了。当我开始不为考试、不为工作、不为别人，纯粹只为自己的快乐而重新画画时，儿时的感觉又回来了。那真的是一种很棒的感觉，忘我、纯粹、宁静而又充满力量，让我可以连续几小时不看手机、不吃东西，只是专注地沉浸于当下的创造。

那时我才了解原来“不能坚持”这件事不是天生的，只要学习删除对别人眼光的依赖，护持住自己的本心，我根本不用“坚持”做任何事，只是沉浸其中去享受就好了。

什么是真正的自己

当我们意识到所有的力量都来自成为真正的自己时，难免心生困惑——什么是真正的自己，现在的我难道不是真正的自己吗？如果现在的自己不是，那什么时候的自己是真正的自己？我有过真正的自己吗？如果有过，那真正的自己又是什么时候离开的呢？

戴着人格面具的圆圆们

给大家讲个小女孩圆圆的故事。

我们小区有个小朋友叫圆圆，她跟我的小女儿差不多大，她们常常一起在小区里玩。有一次我特地带了些从外地带回来的小点心，让女儿跟其他小朋友们玩时一起分享。我从盒子里拿出点心分给几个小朋友，在给圆圆的时候，她看我，又看看我手里的食物，怯怯地摇了摇头。我把手继续往前伸出去一点儿，说："没事的，很好吃的，拿着吃吧！"圆圆直接跑到她奶奶身后，探出半个头，抬头看了看她奶奶，又看着我手中的食物，还是摇了摇头。我不死心地说："没关系的，奶奶不会说你的，拿去吃吧！"圆圆干脆低下头整个人都藏在奶奶身后，彻底不出来了。

这时圆圆奶奶对我说："我们家圆圆很乖的，没有我的同意，她从来不会随便要别人东西的。”说的时候带着满脸的得意和自豪。

我看着还不到三岁的圆圆，她一直都盯着我手里的食物，几乎没有离开过，眼神里除了渴望还有一丝恐惧。我非常清楚，圆圆的奶奶并不知道她对自己最爱的孙女做了什么，对孙女的人格甚至未来的生命轨迹造成了怎样的影响。

两岁多的圆圆有一个非常真实的渴望——品尝美味的食物。

然而她的养育者相信：“小孩子拿别人的食物会显得没家教”“小孩子拿别人的食物可能有潜在危险，不能养成这个坏习惯”“我们家的小孩对别人家的食物表现得很感兴趣会显得我们家很寒酸”……

通过圆圆的反应即使没有学习过心理学的人也能推测出来，在此之前奶奶必定是无数次地阻止了圆圆接受别人的食物，甚至还可能因此批评否定过圆圆。现在这个小小的孩子已经把这种声音内化为自己的一种人格了，哪怕奶奶不在场，她都无法直接表达自己真实的需要了。

试想一下，如果圆圆的成长环境没有本质性的改变，她自己也没有系统地自我成长，那么当她成年之后，她就会一直带着这种讨好甚至有些怯懦的人格去生活。

让我们来一起想象一个情景：

圆圆已经成人并结婚了，这一天是他们的结婚纪念日，她和老公约好了早点回家吃顿烛光晚餐庆祝一下。结果饭都快做好了，她的先生打电话回来了，说：“老婆，对不起啊，刚准备下班时，我们公司的大老板过来了，我的上司非常希望我晚上一起陪一下，我问问你的意思，你要实在不希望我去，我就不去了。”

猜猜看圆圆会说什么？她的讨好型人格会给出第一反应说：“那行吧，你去吧！”老公如释重负，放心地去陪老板吃饭了。

圆圆放下电话，看着空空的屋子和一桌子菜，感到深深的失落和孤独，心中突然泛起了强烈的懊恼，刚才干吗要同意他去，明明是不希望他去，想要他在家里陪自己的。她开始责怪自己：干吗非要装懂事装乖，怎么那么没用，真实的想法就是说不出口。

然后又迁怒自己的老公：他怎么这么笨呢？还要问我同不同意，他应该直接拒绝老板回家的呀，这说明在他心中，工作比我重要多了，他根本就不懂我，不爱我……

圆圆很有可能就一直在头脑里这么演绎着，时而生自己的气，时而生老公的气，纠结在这里面，情绪越来越低，整个晚上都过得很不开心。甚至她先生回来之后，她可能还会甩脸色给他，对他爱搭不理，而这个粗神经的男人可能也是一脸懵：“我不是问过你的吗？你不是都同意了吗？你到底在气什么呀？你们女人真的是不可理喻！”

此处省略各种版本争吵2万字……

各位有没有觉得这是多么亲切而熟悉的场景啊！

虽然这个场景是我演绎的，但这种内心动荡的过程其实几乎在每个人的生活中都有出现，区别只是你是放任它自行运作，还是对它有觉知、有掌控。

圆圆们有个乖巧、甜美、讨好的人格面具，这个面具下面是隐忍的愤怒和无力感带来的焦虑，这个人格是他们所认同并且熟悉的，并且已经渗透到自己生活的每一个角落，而他们自己甚至都不知道这并不是自己本来的样子，但这个人格已经伴随圆圆们很多很多年，他们早已经忘记了那个最初的自己是什么样子。

你以为的“自己”，也许并不是你

有时候我会提醒人们去和自己的心联结，去做那些真正你喜欢、让你有热情的事情。可是很多人会回答我：周梵，我不知道怎么联结我的心，我也不知道我现在到底喜欢什么。

也许这才是最糟糕的部分，我们把自己弄丢太久了，当我们想把它找回来时，却发现我们已经忘记它的模样了。

在我们身边有千千万万像圆圆这样的孩子和已经长大成人的圆圆。

不知道从什么时候起，我们就深深地活在了别人的眼光中，为了满足别人的期待而活。

所以你不仅在很小的时候会被你的养育者的催眠，植入他们的信念系统和价值观，在你成长过程中，整个社会文化、你所生活的圈子、阶层文化都在给你催眠、洗脑，让你毫无意识地成为现在你以为的“自己”。

生活中那些催眠我们的资讯无处不在。卖钻石的广告会告诉你，只有你的爱人买一颗钻石送给你，你的爱情才会恒久远；卖冰激凌的告诉你，如果他不给你买这种贵得要死的冰激凌，就说明他不够爱你；狗血电视剧告诉你，真爱就要各种虐心、各种误会、各种难以启齿、各种折磨，顺顺当当的就不是真爱……

有一次在一个饭局上，我跟旁边一个初次见面的漂亮女孩攀谈起来。那天是七夕节，我们顺势就聊起这个话题，她很满足地说：“今天上午我收到了我男朋友送给我的花、巧克力和大红包，这个情人节我感觉我是一个‘成功的女人’了。”

她最后的总结让我很诧异，从什么时候开始爱情的目的不是幸福而是成功了？本来，成功是一种姿态，是给别人看的。幸福是一种感受，是属于自己的。可不知道从什么时候开始，幸福也变成给别人看的了。

你并不需要成为某个更好的别人

弄丢自己的人都有一个共性的特质，因为不确定自己是谁，所以总在通过别人的眼光来做自我确认。

每一份对自己的怀疑和否认，都是内在自我的一种分裂和消耗，都会极大地降低我们的力量感。

期待自己变得更好，并不能让自己变得更好

你期待自己变得更好，而不喜欢现在自己不够好的部分，这并不会让自己变得更好，只会让自己变得更糟。

自我苛责并不会让你真正变好，充其量只会让你"看上去很好"。圆圆和我在饭局上遇到的漂亮女孩都是这样，所有外人看到她们都觉得她们很好很幸福，只有她们自己心里明白那种虚弱感一直都在。

而最重要的是，这种"看上去的好"所带来的自信感和力量感是极其脆弱的，只要出现一个比他们"看上去更好"的人，那种脆弱的自信就瞬间坍塌了，又或者有一个人看到了他们的不好，这种自信感也将被削减，所以他们才会那么在意别人的批评而急于自我辩解。而且要维持这种"看上去的好"也是疲惫不堪的。这是一个要不断取悦他人、向他

人证明自己的过程。因为他们自己内在对自己没有足够的爱和认可，所以永远要通过外面的人对他们的回应来确认自己的价值。

因为太不确定自己是谁，所以才需要从别人的评价中获得价值感和存在感。

而内心完整富足的人是为自己而活，因为确定自己的价值，所以不会轻易地被外部的人或事影响。比如像徐静蕾，可以躲在家里一年多，只是自己做些小玩意儿，别的女星走戛纳、上头条、登上财富排行榜对她造成不了任何压力或诱惑，她也不管别人如何评价她，或者观众还记不记得她。她只做她享受的、让自己开心的事，永远按照自己的节奏去体验自己想体验的生活。

无论外面的世界如何暴雨狂风，永远自带光环保护罩，内心总是平和喜悦的，这就是真正活出自我的人。也许这些人看起来没有任何攻击性，而且相处起来也没有压力、非常舒服，但这才是真正拥有强大内心的表现。

有意思的是，这样的人，成功往往不知怎么就莫名其妙地得到了。而通常这样的成功并不是以消耗生命的其他领域为代价的，不会为了成功没了健康、丢了感情，或和孩子关系疏离。

当你活成别人期待的自己时，所有的成就都是交换和消耗，你做事情都是为了别人而做，为了得到你想从别人身上得到的东西。你也没有力量拒绝去做那些自己不想做别人却期待你做的事，因为那些人身上有你想要的东西：物质层面的，名、利、权……情感层面的，被重视、被理解、被关心、被尊重、被爱……

如果没有觉知和成长，你就会在这条被操控和操控别人的路上越走越远。

我曾在这条路上走了很多年，相信我，你永远不可能在这条路上得到你真正想要的东西。

当你成为自己时，所有的成就都是在轻易地显化和创造，你做任何事都是为自己而做，没有期待、没有附加条件，做某件事的过程中就获得了满足。总是活在当下，而且总是专注而喜悦的。

所以，你并不需要成为某个更好的别人，而是认真地找回原来的自己。

所有的力量都藏在那里！

真正的力量只来自享受此刻的自己

我有一个朋友，她最喜欢说的话有两句："我没有时间。""总有人要做这些事的，我不做谁做呢？"每次她知道我要去旅行或者是去哪里学习，她就说我好羡慕你啊，如果我邀请她一起去，她就会说我没有时间，我有这个事情，我必须做那个，我要陪孩子，公司现在非常忙走不开……她永远都没有时间，她一直对我的状态充满了不可思议，她说：周梵，你怎么可以做这么多事情？你怎么可以既养两个孩子又写书又写专栏，要讲课，开公司，还做瑜伽，还跑步，还学这学那，你是怎么做到的？我告诉她其实你也可以做到啊！然后她就会给自己设置另外的信念。她说：哦，不，你比我更幸运，你找了一个支持你的老公，还有你比我更聪明，你运气比我好……她总有办法不断限制自己、催眠自己，必须等到未来的某一刻，比如孩子大了或者自己退休了，才能做那些自己想做的事情。

为什么要等到下一刻呢？为什么总在牺牲此刻来换取一个所谓美好的未来呢？事实上过去和未来本质上都只是幻觉，它们并不存在。过去和未来都只发生于当下，你永远不可能拥有未来，你只有当下，牺牲此刻试图换来的美好未来根本不会发生，你唯一能把握住的就是此时此刻、此身此地。

我记得小时候父母单位搞福利会发一箱一箱的苹果，每次把苹果搬回来，家里的长辈就会做一件事，他们会把烂苹果挑出来先吃，可是等把烂苹果吃光了，原来的好苹果就又烂了，然后再把烂苹果挑出来吃，所以他们吃的总是烂苹果。

而我长大后决定只吃好苹果，不是等到未来，就在此刻吃好苹果，如果有烂掉的苹果就果断地把它们扔出我的生活，不让它们持续地影响我。所以我永远都选择并享受吃好苹果。

真正的力量永远只来自享受此刻的自己，而不是未来的某人。

帮你接近自己的“虚拟死亡”练习

当我们有时偏离自己生命的中心，把一些虚幻的价值当真，变得功利而惶恐时，我建议大家可以做一个“虚拟死亡”的练习。

在晚上睡觉之前想象自己这一觉睡过去之后将不再醒来，如果要回顾这一生中最珍贵的片段，会是哪些情景。这个练习对我非常有帮助，每次我在回顾时，发现那些片段不是在万人舞台上演讲被追捧，也不是公司赚到一大笔营业额，也不是完成一次马拉松的欢呼荣耀……而是一个人静坐突然没来由地发自内心的喜悦，是心无挂碍地和家人、朋友在一起的闲适，是把真心敞开毫无保留地支持一位伙伴，是一个人跑步体验到天地融合的极致喜悦。那些能支撑生命的“光辉片段”，都是真正属于自己的时光，又是忘掉人我区隔的瞬间。越接近真我的时刻，就是越无我的时刻，这很哲学也很玄妙。

享受做自己喜欢的事情时，就是最接近真正的自己的时候。

唯有涌动和沉静、当下和真我双全之时，你的生命才真正展开。

第二章

接纳带来自由和力量

有最大的自由，
才有最大的成长，
同时
才能使出
最大的力量。

如果只是遵守道德规则，
那不是成长，
只是服从。

减少内在消耗，停止纠结

“如果生活欺骗了你，那你就欺骗回去”，这句话曾经很流行，不少人都赞同它。如果一个人抱持这样的想法，是因为感觉生活辜负了自己，对自己的生活感到无力、疲惫、被辜负甚至是绝望。有这种感觉那意味着他根本没明白现在的生活是如何被创造出来的，同时对于创造出这种生活的自己也一无所知。

我们都知道，一个人的命运是由这个人每天对这个世界所做的反应、每一次言行所决定的，而一个人会有什么样的言行是由自己的人格模式决定的。

为什么你会觉得“累得要死”

生活中有很多人会说，“我的性格就这样，改不了啦”“没办法，我就是这脾气”，有这种想法的人内心有两个核心的限制性自我认知：第一，他们认为他们的性格或脾气是一种永恒不变的固定事实；第二，他们认为“性格”或“脾气”比“我”更大。

首先我们要明确两点：

第一，你的人格不是你，你拥有你的人格，但你不是它。

第二，你的人格是可以被改变的。

人们认为“我”=我的人格，当你在说“我的个性就这样，改不了”时，那个“我”是谁？究竟是谁在说我改不了？而当你在说“我的个性”时，显然你明白不是你的人格拥有你，而是你拥有你的人格。

既然人格是你的拥有物，那为什么你的拥有物反过来控制了你，就好像仆人变成了主人，主人却心甘情愿地听从自己的仆人。而且这个仆人并不是一开始就跟着你的，在你刚刚出生的时候，你并没有拥有你现在的人格，在你只有三四岁或者更小的时候你也没有现在的人格，你的人格是你在成长的过程中根据你的养育者对待你的方式选择的一种生存策略，以及你所成长的环境和文化灌输给你的一些信念系统，和你历史的经验累积起来的综合产物。

人格是会改变的，你现在的人格模式很可能跟十年前不一样，而且也可能和十年后不一样。当然，对于一些从未开启自我成长的人来说，它们可能会以一种人格模式延续到老年甚至死亡的那一刻。我们身边也不乏这样的人。

一次，一个学员问我：“周老师，我父母尤其是父亲特别喜欢指责我，总是觉得我这没做好那没做好，我在他们心里简直一无是处。所以我每次回去看他们，我的状态就会变得特别糟糕，虽然我也知道他们说我是为我好，但我还是很受影响，所以现在我就尽量不回去，但时间久了又觉得自己不孝，觉得这样不好，还是应该多回家看看，可是一回家能量又掉下来。我很纠结。周老师，我该怎么办？”

我说，你有两股动力，不想回去和应该回去，那这两股动力哪股更真实更强烈？他说，不想回。我笑了，说，那是更接近你真实感受的动力，那就先遵循这个动力，对自己诚实。至于“应该回家”或“我应该孝顺”是你后天习得的一些文化的规条和信念，并内化成你的社会人格，常常令你自我强迫。

当然，一个人这种纠结的部分绝对不止几组，有很多很多相互冲突的力量都在相互拉扯。

比如：

有一个心仪已久的工作机会，但在一个相隔小半个中国的城市，去还是不去？

恋爱了好几年，但经常吵架，这样的关系要不要结婚？

孩子是应该上崇尚爱和自由的创新型学校，还是上规条严苛而刻板的主流学校？

伴侣出轨，孩子还小，原谅还是不原谅？

现在的工作稳定且福利保障齐全，但自己被消耗得精疲力竭已毫无热情，去还是留？

……

很多人在自己的“两难”中可能会被卡住很多年，到头来什么成果都没有得到，却白白消耗了很多生命力。

而且不仅是这些较为重大的决策会消耗我们，那些会随时随地高频率出现的小剂量“纠结”对我们的消耗实际上更大。

是再睡 10 分钟还是马上起床？

是去跑步健身还是继续窝在沙发上追剧？

已经吃饱了，是放下筷子还是再往嘴里塞几口炖牛肉？

是再刷会儿手机还是马上起身去电脑前回邮件？

是该选这件明艳性感的衣服还是那件端庄大方的去赴约？

他说的这事，我该给什么反应？是豁达淡定状还是告诉他我不开心？

这种程度的左右为难一天之中可能会出现十几次，甚至几十、上百次，而且早已成为很多人的生活常态。

无论事情大小，也无论你外在看起来如何，每一次在“选择 A”和“选择 B”之间的举棋不定都是一种内在的拉扯，而所有的拉扯都会造成巨大的意识消耗。

有时候，回顾自己一天的生活似乎并没有做什么具体的事，却感觉非常累，甚至可能只是在家躺了一天，到了傍晚时却有种疲惫不堪的感觉。

这是因为所有的生命力都被内在的各种自我拉扯消耗掉了。

每个人都像一辆高性能的车，我们的心灵就是这辆车的驾驶员。有些驾驶员很了解自己和这辆车，常常可以达到“人车合一”，所以能轻松地把车的最佳性能发挥出来，车能走得又快又远。可是有些驾驶员完全不了解自己的车，对自己的车技也没有一点儿信心，所以在前行的过程中不是踩刹车就是踩油门（你知道的，所有菜鸟司机都非常擅长踩急刹车），结果不难想象，油全部用光，车却没有开出多远，车子性能再好都发挥不出来。

这就是很多人被卡住的生活状态——觉得累得要死。

透过人格三层圈了解自己的本质

每个人的人格中都有两个部分，如下页图中的外圈和中间层，即社会人格和阴影人格，这构成了我们的人格模式。

当我们在认知“我”时，在物质层面，我们会认同“我”就是皮肤以内的部分——我们所拥有的这个身体。在意识层面我们认知的“我”通常是指我们的人格。这个人格由外圈的社会人格和中间那一圈的阴影人格构成，我们称其为“人格”或者“小我”。然而人格是可以不断改变的，比如你 16 岁的人格和你现在的一定有很大不同，如果你自我成长得足够快，很可能你两年前的人格也和现在的有很大的不同。

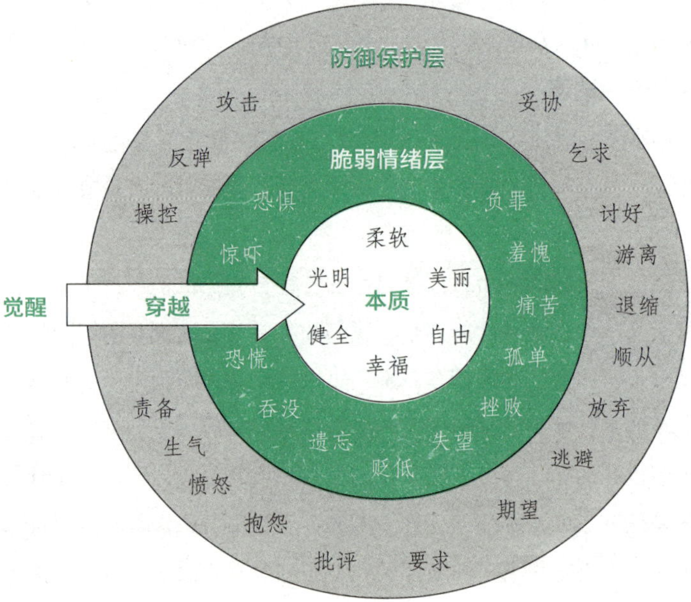

当然也有很多人成年之后，完全停止了自我的成长和扩充，很可能他们老年之后的人格模式和 50 年前没有多大区别。这些人也许就在我们身边，他们可能就是你的一个亲戚、邻居……他们会抱怨一件很多年前发生的事情，同一种视角，同一种感受，多少年来从不厌倦地讲着同一个版本的故事，从未改变过。这些人一生都困在自己的小我中，没有真正去触碰那个真正的自己——本体。

我们先来谈谈我们的人格，后面我会谈到本体的部分。

你的人格是你基于过去成长的环境选择的某种反应策略，那是在某种特定环境下我们选择的生存模式，但因为它跟着你的时间太久，跟你太熟悉，这种模式会越来越固化，已经变成你观察世界或观察自己的背景。这种背景从我们记事以来就一直跟随着我们，以至于我们很难觉察到它。就好像生活在水里的鱼，它甚至都不知道水的存在一样，因为它根本就意识不到这些事情，水从它出生以来，就一直跟随着它。鱼可能会观察到水里其他的小鱼小虾，视力再好点的鱼也许还能看到一些浮游生物，然而它唯独意识不到水的存在。除非有一天它从水中跃出，在离开水面的那一刻，它才会意识到："啊！原来我之前一直生活在水里呀！"但如果这条鱼从未离开过水，它也许永远都不知道世界上有水这种东西。

从小到大我们会建立各种各样的信念系统，进而形成我们的人格：应该如何，不应该如何；男人应该是什么样子，女人应该是什么样子；一个人当了妈应该是什么样子，当了爸又应该是什么样子，等等。这些信条从很小很小的时候就跟随着我们，而我们的养育者和社会的主流文化也在不断地强化它们，以至于我们从未意识到这些信念对我们的制约，以及这些信念又是如何创造出现在生活中各种各样的问题的。

外圈这一层就是我们的社会人格，同时也叫防御保护层，那是在我们的成长过程中，我们的养育者和我们所生活的社会阶层的文化、主流价值观要求我们表现出的样子。说得更简单些，就是别人期待我们成为的样子，如果我们渐渐认同且内化了这些信念系统，那么它们也会变成我们期待自己成为的样子。而阴影人格就是那些被评判、被否认、不被允许呈现的特质。就好像上一章里的圆圆，她的"自私，为自己着想"的这部分，就是她的阴影，她认为自己这样不好，所以就会压抑这些，表现出社会人格（善解人意的部分）。这些压抑、否认、评判曾经都是来自外部的声音，慢慢地在成长过程中这些声音不断被我们内化，变成自我中的一部分。

当我们不想再继续自动化反应、被命运的车轮碾压，当你意识到自己并不了解自己，并且敢于承认和面对自己内在的这些冲突时，你才真正踏上探索自己、了解自己的旅程。

曾经有心理学家和生物学家一起做过这样一个实验，他们找来一些棘鱼进行研究。棘鱼是非常有领地意识的鱼类，当雄棘鱼发情之后，把一条雌棘鱼放进鱼缸，雄棘鱼会表现出疯狂的行为，它一边努力地吸引雌棘鱼，一边在雌棘鱼靠近之后又疯狂地攻击它，然后又吸引雌棘鱼……雄棘鱼被自身“维护领地”和“交配”的两种本能需求搞疯了，所以它才会出现这一系列看似疯狂的举动。棘鱼没有独立的自我意识，它无法依靠自我来判断和选择，它所有的选择都是本能性的、自动化的反应。

所以在更深的层面上来讲，无论棘鱼是生活在鱼缸还是海洋里，它也从来没有真正自由过，因为它被困在自己的本能之中，永远不可能做本能之外的事。

如果棘鱼也拥有人类特有的自我意识，及其延伸出来的能力——自我觉察、自我成长、自我扩张，那么雄棘鱼就有能力进行自我审视，探索自己这些疯狂的行为，并让自己的意识得到进化，发展出更高的智慧来统合两种有冲突的本能性的需要。

然而，无论是人类还是棘鱼，要做到这些必须有个很重要的前提——对自己的行为动机有足够的了解，甚至是对行为之前，仅仅在内在意识之中发生的情绪、念头有足够的觉知。

人和动物最大的区别是，人拥有自由意志，拥有独立思考做决定的能力，而动物没有，动物所有的行为都是依循它们的本能。但是当我们对自己的了解不够时，就会被某种自己尚未觉察的习气和模式所牵制，做出自动化反应，甚至都意识不到自己浪费了自由选择的权利。

因为不知道自己拥有什么，所以当自己自由选择的力量流失时，也不清楚自己损失了什么。

对很多人来说，他们即使拥有比动物复杂得多的大脑，却依然是本能性反应的奴隶，从来没有认真观察过自己的行为、动机、意图、习性，结果看似是“自己”做了一个决定，实际“自己”从来没有真正存在过，一切都是本能在驱动。

就像前面故事里的苏卉在她的婚姻中遇到的状况一样，表面上看起来是“自己”做了一系列选择，然而由于她不了解自己的内在，看不清内在相互冲突的人格，所以就只能允许它们相互冲突、相互消耗。这个世界上有很多人都是如此，一时傲慢，一时自卑；一时急躁，一时拖延；一时责备他人，一时自我愧疚……

肯·威尔伯在他的《万物简史》里谈到，我们的生命并不是由一系列简单、扁平的客观事件组成的，像一堆石头一样有明确的位置。我们的生命包括深处的主观成分，我们必须亲自理解并解析它们。它们不仅有着表层，而且有着深层，表层可以被看到，深层却必须被解析、被深入地探索。

我们越充分地解析自己，我们的生命对我们来说就越透明，也越能够清晰地看到并理解它。它也能够更少地在晦涩不明中折磨“我”，使“我”迷惑，使“我”痛苦。

我们要去到一个更好的方向并不需要否认现在

当我们没有觉醒，完全以一种蒙昧的、本能的状态生活时，我们会无觉知地做一些伤己伤人的事，我们会评判或指责他人，而且觉得特别理所当然。

而这个时空有不可避免的因果法则，这些给出去的负面能量，在某一天都会以某种形式回到你的生活中，让你无处可逃。你终于意识到，天啊，原来自己真的有很多问题、真的做错了很多。意识到问题和看到盲点，是改变的第一步，这很好。但同时，人们会容易掉进另一个陷阱——自我攻击。

放下愧疚模式，是提升能量的前提

肯·威尔伯在他的《一味》里说，我们进化的每个阶段都是最合适的，而下个阶段会更为合适。

我和他的观点是一致的，我们要去到一个更好的方向并不需要否认现在。发现当下的问题，面对、承认并改善就可以了，并不需要攻击这个部分。小我是喜欢评判和攻击的，不是攻击他人就是攻击自己。所以愧疚感是小我最常玩的把戏之一，同时也是最容易削弱力量感的情绪。

在后面我们谈能量的时候，我们会发现在能量层级图中，愧疚是能量最低的一种情绪。这个世界有很多人都习惯利用愧疚感去控制别人。首先我们要提醒自己不要这么做，而且不要配合别人玩这个游戏。

放下愧疚模式，是自爱很重要的一种能力，也是提升能量的前提。

整个人类群体习惯利用愧疚控制别人，这是一种非常古老的模式，让我们来好好了解下我们生命中这股熟悉而又陌生的能量。

有一次我在北京一个广播节目做嘉宾，那一期的主题是，关于父母陪伴孩子的过程中如何避免一些无意识的伤害。当讨论起父母对孩子哪句话最伤人的时候，主持人冷不丁问了我一个问题：周梵老师，你父母说过什么话你觉得对你的伤害最大？这个问题一下子难倒我了，这么多年的自我成长最大的成效之一，就是让我把成长过程中认为的那些伤害释放掉了，同样的经历现在再回想起来已不再有受伤的感觉了。所以当主持人问到这个问题时我真的找不到还会让我感觉很受伤害的回忆。一通搜肠刮肚之后突然发现还有一丝残留的心酸的痕迹，我对主持人说，嗯，还有一个，我想到了，就是我成年之后，甚至都已经有了自己的孩子，我妈对我说的一句话，当时还是挺让我难受的。主持人非常好奇地问，是吗？什么话？我说，当时因为有些她认为很重要的事情我不愿意听她的话，坚持要按照自己的想法做决定，我妈气急之下说："算了，我就当没养你这个女儿，以后老了我也不指望你养，我自己过。"当时听到之后心里很伤感，伤感之后还有生气、愧疚、被辜负、委屈、被冤枉等复杂的情绪交织在一起。

结果主持人说，哎呀，这话应该很多人都听自己的父母说过吧！我自己就听过。

另一位主持人说我们不妨跟现场的听众做个调查。主持人噼里啪啦地敲击键盘，把内容发到节目的互动平台上，没过一会儿很多听众就纷纷留言，几乎有 98% 的听众都表示，他们都在不同的年纪听自己的父母说过类似的话。

主持人问了一个很重要的问题："周梵老师，为什么那么多父母会喜欢对孩子说这句话？"

我回答："事实上，这句话里面的信息量是很大的。每个人除了接受直接语言信息之外还会接受后台语言，后台语言就是那些没有直接表达，而是隐藏在字面意义背后的信息。"

在这句话中事实上表达了几层意思：

因为你的问题，所以我老了以后决定自己过；

之所以我老了要自己过是因为你是靠不住的（这里的靠不住 = 不孝、没有担当、不负责任、自私……）；

你是一个连生你养你的父母都觉得靠不住的人；

所以归根结底，你是个失败的人。

看似是一句自怜自哀的语句所传递的后台信息每一层都是对对方一种更强烈的指责和否定，所以会引发听者很强烈的负面感受。然而说话者本人的终极动机并不是为了让对方难受，这句话最核心的目的被自怜自哀、责备层层地掩盖起来，让听者没有办法感受到这个最深的诉求，这个诉求就是，那样说只是想激将你，我希望我们能相处得好一点，其实我很害怕孤单。

归根结底最终极的渴望就是——我想要爱。

但在中国，几乎不会有人这么表达。在中国人的习惯里，亲密关系中的一方期望另一方给予自己更多爱的时候，通常习惯用道德谴责的方式来责备对方，试图通过让对方心生愧疚来获得想要的爱。可他们不明白的是当你让对方感到愧疚的时候只会把对方推得更远。

愧疚除了会降低自己的能量之外没有任何意义

我想起我的一个学员 C 的故事。她本来有一段很幸福的婚姻，直到发现丈夫出轨。那段时间她痛不欲生，两个人彼此之间还有很深的感情，经历了一个很痛苦、胶着的阶段后，丈夫彻底离开外遇对象重新回归家庭。她经过反复思量，最终决定原谅丈夫，不离婚，俩人继续好好过。

但是，后来只要俩人吵架比较厉害时，C 就会把自己知道丈夫出轨时是多么心碎、多么痛苦说一次，告诉丈夫他是多么残忍地伤害了自己，C 的丈夫自知理亏通常就闭嘴了。

后来 C 的丈夫为她做了很多事，经常起早下楼去买早餐回来，又或者时不时买礼物给她，而且平时跟她说话都赔着小心。但 C 说，不知道为什么，他做的这些我一点感觉都没有，如果以前他做这些我会很感动、很幸福，这到底是为什么？

我告诉 C，因为你的先生做的这些虽然看起来很像爱，但其实你知道，他是出于内心的罪恶感在补偿你，而不是从心里自然流露出来的爱。而事实上，这种罪恶感是你不断强化出来的。你就像个法官，不断地审判他，他在家里就像个罪人，试问有哪个罪犯敢和审判他的法官靠近呢？

最终你的目的达到了，对方觉得对不起你，他可能会加倍对你好，但是那种好总让人感觉有种莫名其妙的悲凉感，因为终究得到的只是补偿而不是爱，补偿的时候亲密的感觉就离开了。当罪恶感太沉重时，我们会无法面对，最终会逃离那个带给我们愧疚感的人。

在关系中，愧疚感和亲密感你只能选一个，这两种感觉是不可能同时存在的。

这种审判别人的习惯很多人都有，这来自我们成长过程中养育者对待我们的方式，以及整个社会文化不断对我们的催眠。我们审判家人，审判自己，审判陌生人，所以你常常会听到大街上有人对素不相识的人指指点点：“那孩子真没家教”“哪有这样当父母的”。好像每个人都掌握了一套真理的标准可以去评判别人。

最要命的是这种审判不仅会碾压别人还常常会碾压自己，事实上，越热衷于让别人愧疚的人也越习惯让自己愧疚。

几年前我父亲罹患胃癌，他生命最后的那段时间，已经不能吃任何固体食物了，那时候我只能每天早上去买杯豆浆给他喝。有时我看着消瘦的父亲喝豆浆的样子心里非常酸楚难过，为什么爸爸身体好的时候我没有经常带他去吃好吃的，而现在我唯一能做的就只是给他杯豆浆，我觉得自己不是个好女儿，我做得太糟了。我越想越难过，越想越愧疚，甚至工作的时候想到这些会一个人哭起来。那段时间我还住在父母家，我的工作越来越忙，回家的时间越来越晚，后来我发现我是在逃避见到父亲，因为见到他就会勾起我的愧疚感和无力感，而回家的时间越少我就越愧疚，就这样恶性循环，令我的状态非常糟糕。

直到在一个课程中我得到了启发，我意识到我根本不需要愧疚，愧疚对改善我和我父亲的关系一点帮助都没有，它只会像一堵厚厚的墙把我们隔离得更远。而我的父亲也不希望我对他有任何的愧疚，那只是小我刷存在感的把戏而已。愧疚除了会降低自己的能量之外没有任何意义。我开始放下那些愧疚的感觉，认识到在每个时刻我都做了能做到的最好的选择，而我只需要努力尝试我还可以做哪些更好的选择就够了。

在中国，无论是父母对孩子，还是伴侣之间或者其他关系的人，人们总以为如果让对方感觉到羞耻会让对方反省自己，进而让对方变得更好，大家称其为“激将法”。事实上这完全不符合心理学的运作原理，自我改变是需要力量的，我们的每一次改变都需要拿出力量去破除掉原来的习性，而罪恶感是能最快扼杀力量感的东西。越去评判或谴责他人，事实上就越剥夺了对方改变的力量。

这也是著名的管理大师彼得·德鲁克和没有达成公司目标的员工沟通时最常说的话："I'm not to judge you，I'm to help you."（我不是来评判你的，我是来支持你的。）因为德鲁克非常清楚，当对方感受到被评判的时候，改变的力量就丧失了。

尼采说，当你不再感到自我羞愧，你就得到了真正的自由。

正因为太清楚愧疚感对一个人力量感和价值感的破坏，所以在我的课程中，我会用很重要的板块来转化曾经遗留在学员心灵深处的愧疚感，它们有些是成年之后被自我和他人反复强化出来的，而大部分是在很早就打下烙印了，也许是几岁，也许是十几岁。

很多父母都对孩子说过类似的话，"我们每次吵架都是因为你不听话""我为你操心操得头发都白了""要不是因为你我也不会留在这个地方"……

这些话都会在小小的心灵上留下深深的印记，当任何不好的事情发生时，我们内心就会有个声音响起，"是不是都是因为我不好，这样的事情才会发生？"

由著名演员马特·达蒙编剧并主演的经典影片《心灵捕手》就是一个关于罪恶感如何影响一个人生命轨迹的故事。马特·达蒙饰演的威尔是一个问题少年，同时也是一名数学天才，他成天四处闲逛打架滋事。后来一位数学教授为了帮助他找到人生方向，不浪费他的天赋，专门请来心理专家尚恩给他做心理咨询。在整个咨询的过程中，威尔充满了抗拒，进展缓慢。威尔真正开始发生转变的那一刻，是在心理专家尚恩的办公室里，威尔在半催眠中说出了自己小时候被性侵的经历。

尚恩看着威尔说，"这不是你的错"，威尔带着玩世不恭的笑容说，"我知道"；尚恩靠近他，盯着他的眼睛说，"看着我，这不是你的错"，威尔继续说，"是啊，我知道"；尚恩靠得更近，"不，你不知道，这不是你的错"，尚恩不断靠近威尔，看着威尔的眼睛重复这句话"这不是你的错”；终于威尔再也隐藏不了内心的感受，哭出声来。尚恩抱住他，混世魔王威尔在他怀里哭得像个孩子。

那一刻尚恩才真正帮助威尔释放掉隐藏在他心里多年的羞愧感。威尔终于不再用自甘堕落和逃避来惩罚自己，开始决定重新勇敢认真地对待自己的人生。这是一部很好的关于心灵疗愈的电影，我非常推荐大家去看看。

我希望每个人都能真正明白，当你想让一个人变得更好时，最重要的事情就是不要让他有愧疚感，这个人也包括你自己。

接纳真实的自我

S的父母最常对S说的是："你这样别人看到了会怎么说？"她从小受到的教育就是做事要多想想，不要冲动，不要给别人添麻烦。青春期时她也抗争过叛逆过，不过被父母镇压下去了。在父母眼里，S也算争气，考上了一本，毕业没多久就找到一份还不错的工作，也够努力，不到三年就升职了两次。

S到了适婚年龄一直没有恋爱，于是父母开始给她安排相亲。父母喜欢的那种踏实的经济适用男，只能一起吃一顿不咸不淡、没话找话的饭，无聊尴尬到爆棚，饭刚一吃完她就得找个理由匆忙离开，实在没有动力再多待一分钟。

这种类型的男人前前后后见了好几个，S实在是提不起半点兴趣。S爸妈身边的适龄单身男库存基本已经没有了。最后妈妈的同事介绍了她一个刚刚回国不久的远房外甥小唐。

他们在饭局上相谈甚欢，小唐对S印象很好，吃完饭不舍得马上分开。小唐说，我们走走吧，S同意了。走着走着经过一个公交车站，小唐一把抓起S的手就跳上了一辆刚停下来的公交车。

S错愕不已，这是要去哪儿？小唐说，我也不知道，管它呢，你就陪我坐坐公交车来个一日游吧！

S整个人都傻了，她第一次意识到，人竟然还可以这么活！还可以这么随性自在，无拘无束！

就在那一刻S爱上了小唐。他们恋爱了。

后来他们恋情发展得很顺利，很快结婚生子。我认识S是在他们相识的第三年，这时他们的孩子快一岁了。她来找我是因为她自己感觉婚姻快支撑不下去了，他们现在有很多争吵。而现在S最无法忍受小唐的地方就是这个男人实在是太不负责任、太随性了。

她最希望小唐改变的就是做事情能有计划一些，多考虑下别人的感受，不要自己想做什么就做什么。她觉得现在跟小唐在一起好疲惫，她要承担很多，而小唐也觉得很累，他觉得自己已经为这个家改变很多了，但似乎从来都不能让S满意。S也很困惑，为什么小唐当初最吸引她的地方，现在却成了她最厌弃的部分。

每个会吸引我们的人，身上都有一些可以填补我们内心空洞的特质，要么是我们压抑的、不敢做出来的，要么是我们对自己有评判，希望对方来补充的。

比如，嫌自己木讷内向的，就会被活泼风趣的人吸引；评判自己拖延没常性的，就会被有死磕精神的人吸引；觉得自己太浮躁易变的，就会被沉静踏实的性格吸引；觉得自己学历低、成绩不优秀的，就特别想找个高学历的优等生。反之亦然。

这种吸引和选择往往发生在潜意识里，在人们根本没有觉知的时候就发生了。所以我们常常觉得爱情是莫名其妙的，似乎我们爱上谁是毫无规律、随机发生的。

其实如果你无法决定你会爱上谁，是因为你还没有力量决定自己是谁。你不知道怎么会爱上这个人，是因为你也并不了解自己。

而我们无法接纳别人的核心原因也是我们尚未完全接纳自己。

同时，这些部分被我们压抑是因为有一个“内在父母”在评判它，不允许它呈现。比方说，觉得随性而活就是自私，就是不负责任。所以我们的内在就对同一个部分有很矛盾的两股力量：又渴望又抗拒。

我们对他人的评判，归根结底都来自自我评判

这个世界上那些喜欢批判他人的人，心境都是很复杂的，又评判又渴望，又羡慕又厌恶。因为对方活出了我们一直想活却无法活出的特质。

所以当关系变得更亲密时，我们如果对自己内在的动力没有了解，就很难意识到我们对自己身边最亲密的人所不满的，只不过是投射到关系中的自身人格中不同的两个部分的矛盾态度。

而所有的不满，如果我们对此观察得更为仔细和诚实的话，会发现我们对这个部分的感受是相当复杂的，是“羡慕忌妒恨”的。内在有个部分会说：家里乱糟糟的时候，凭什么你可以视而不见，我就看着心烦，然后强迫自己收拾，我也想偷懒，但是我做不到像你那么心安理得；我也有自己的需要，但我没办法像你那样肆无忌惮地表达；我也想随性而为，但我就是有很多担心和失控感，做不到你这么洒脱。

所以我们对其他人身上那些评判的部分，是因为在内心深处有渴望，因为对方活出了自己一直渴望却又不敢活出来的部分。

所有的亲密关系都是很好的镜子，无论对方是伴侣、孩子、重要的合作伙伴、亲密的朋友……我们看到对方的样子，都可以很精准地反映出我们人格底层的这些又渴望又评判，各种相互矛盾相互拉扯的信念系统。

那些我们对别人的评判的真相，事实上都只是我们对自己的评判，区别只是你自己是否能意识到、是否承认。如果你可以真正接纳对方是自由的、是可以这样的，就会发现所有的评判都只不过是头脑的把戏，是每个人成长过程中所积留下来的信念系统的一种对外反射，都是极其

个人化的。当然，当事人通常不会认为这是个人化的，因为每个给出评判的人都认为自己代表的就是真理。

而我们给出的所有评判自己会第一个感受到，同时这股评判的能量传递出去最后也一定会回到自己身上。

社会人格是我们的养育者的价值观，以及成长过程中的社会文化中的价值观渗透进个体所构成的信念体系。比如S的信念就是：得到别人的认可很重要，绝对不要给别人添麻烦，不要和别人不一样。所以她长大后总在渴望得到别人的认同，总在无意识地压抑和忽略自己的需要去成为别人心中优秀的样子。S内心深处，对“随心所欲地为自己而活”有着非常大的渴望和向往。但是她的社会人格不允许她这么做，所以当她遇见小唐时，就会被对方身上那种随心所欲、自由自在的特质所吸引。所以她爱上小唐这样的男人，是必然会发生的事。而在长期生活中她会讨厌小唐也是必然的，只要她一天没有和自己内在的阴影和解，她就不可能跟这个男人和平相处。

我们最不喜欢自己的时候，也是最没有力量的时候

关系是个很好的镜子，我们看到对方的样子，可以精准地反映出我们人格底层的这些又渴望又评判，各种相互矛盾相互拉扯的信念系统。

F小时候家里条件不算很好，平时吃的喝的都很节俭。一次F的奶奶过六十大寿，妈妈做了好多平时吃不到的好吃的，F看着不断地咽口水。那一年F不到五岁，看到桌上的鸡腿，实在馋了，就爬上椅子伸手想拿，在旁边忙活的妈妈看到了，提起锅铲狠狠地拍下去，她的小手立刻红肿起来。妈妈骂道：“你懂不懂礼貌，长辈都没上桌，你怎么敢随便拿桌上的菜！你这样别人会说你没家教，给我滚下去！”F整个人

都愣住了，姗姗地收回了手。

那一刻，她第一次强烈地意识到不能自己想要什么就要什么，满足自己的需要是不对的。

而在她的成长过程中，无论是母亲还是父亲，给她最多的耳提面命就是要懂事，不要和别人不一样。言谈举止要得体，不要做出格的事情，不要给别人添麻烦。她早已把这些外部对自己的教育和影响内化成自己人格的一部分了，所以 F 长大以后，成为一个乖女孩，特别会察言观色、善解人意。

但问题就在于，那个想要为自己而活、想要满足自己需要的部分并不会因为自我说服就消失，这股力量只是被强行压抑下来，被不断地评判和否定，被我们的社会人格认为是“不好的”“自私的”“不负责任的”。这个部分虽然真实存在，但却一直没机会真正被允许自由表达，所以这股力量总试图找到机会跑出来。这也是很多人生活中总会有那么多矛盾和纠结的部分，就是因为有太多自己的阴影不被接纳，两股力量不断交战、拉扯。

每个人内心深处那些不想面对、不想承认、不愿接纳的部分，就是阴影人格。它们每时每刻都在和社会人格争战，令我们的内在不断自我消耗。

F 来到我的工作坊是因为她的婚姻和生活出了很多问题，她总是把自己搞得很累，有时别人请她帮忙，尤其是领导和一些权威人士，即使自己有很多事，心里不情愿，也会答应下来。没有力量说不，内心深处总在意如果拒绝别人，别人会怎么看自己。

虽然她所有的同事和朋友都公认她是“好人”，但她在伴侣和家人面前却非常情绪化。她发现自己越来越不快乐，总在证明自己和讨好别人，而且她也觉得自己越来越不喜欢自己。

F 虽然对同事和朋友总是客客气气的，几乎有求必应，但是对家里人，尤其是对老公和孩子却总是缺乏耐心，而且常常是前半段强压着怒火，好声好气的，突然没有预兆地就爆发了。虽然她知道这样不好，但根本就控制不住。直到有一天孩子突然冲她大吼：你就知道对我凶，你对所有人都比对我好，你到底是对他们假好还是真心讨厌我？F那一刻完全愣住了，这一刻她终于发现她压抑的情绪爆发的出口就是她的家人。

而所有那些未被满足的渴望是绝不可能靠个人的意志被真正压抑下来的，最后这股能量一定会爆发出来，要么对外，在关系中呈现，要么对内，在身体上表现出来。

在过去很长一段时间我都是工作狂，每当我连续休息超过两天，就会感到不安，出现惶恐甚至罪恶感，哪怕我还在休息，还靠在沙发上看美剧，但是心里那种踏实享受休息的感觉已经没有了。那种隐隐的不安和愧疚会蔓延出来，似乎这样休息对不起谁，也不知道对不起谁，又好像谁都对不起，对不起团队，对不起家人，对不起自己，对不起父老乡亲……所以我总把工作排得很满，从来都不在意身体发出的警报，直到有一天，刚刚结束一个两天的课程，我开始莫名其妙地呕吐，那一天从早到晚吐了五六次，当时家人和我自己都吓坏了。因为我的父亲和我外公都是患胃癌去世的（顺便说一下，我父亲就是一个公认的好人，最后把所有的情绪都压抑到自己身体里郁积成病），所以我们都有点担心会不会和这个有关。到了下午去医院检查，还好，胃部没有任何问题，毛病出在颈椎上，我这才知道我有颈椎问题，因为颈椎变形压迫到神经引发呕吐。当时医生痛心疾首地看着我，说，你年纪轻轻怎么颈椎问题这么严重，马上回去好好休息，记住平躺，平躺，哪儿也不要去！

然后我就回家休息，在床上躺了几天。我从没那么坦然地躺在那里啥也不干只是休息，而且还特别理直气壮地指使家人把我想要的吃的喝的拿到床边，那叫一个享受啊，毫无愧疚和负担。因为我这是“遵医嘱”啊。那几天真是我有史以来休息得最心无挂碍、最过瘾、最满足的一次。

后来我觉察这个过程，为什么我只能借生病的机会才允许自己彻底地休息，为什么我不允许自己在健康的状态下也好好休息一下呢？我才意识到那是我内心深处的一个人格阴影，我认为这就是“懒”，这是不可以的。我从小到大，即使是已经工作，如果睡懒觉，哪怕是周末，我妈妈就会在旁边念叨：“你怎么这么懒啊”“年纪轻轻的就知道睡觉”“你这样以后能有什么出息”……

哪怕后来我已经结婚生子，有了自己的家，和父母分开住了，但这个声音已经内化了，哪怕只有我一个人，这个声音也会在头脑中响起，自我批判。

那次颈椎出问题之后，我意识到，其实这次疾病完全是我的潜意识自己创造出来的，就是为了满足我想完全放松休息的渴望。同时我也意识到，这事实上是十分危险的，如果我一直都抗拒这种渴望，并不断地压抑和忽视它，那么未来可能我的潜意识会创造出更大的疾病让自己“休息”。

所以在那一刻，我就做了一个决定：以后当我真正想休息的时候，就要放下所有的不配得和愧疚不安的感觉，允许自己心无挂碍地彻底地休息。

然而有意思的是，当我做到可以彻底地享受休息时，由于休息的品质更高，我真正需要的休息时间反倒变得更少，而且重新进入工作状态时，效率也更高。因为彻底自我满足了，所以不会在工作时盼着休息，而更容易享受工作本身，也更容易收获成果。

冥想练习 ▸

突破限制性信念

我们常常被自己的情绪裹挟，陷入不可抑制的低落情绪中。无力、自我否认、自我怀疑，这些情绪都来自对外界的评判标准，和对外界的限制性信念，而我们早已接受这些标准，并视之为理所当然。

我们要么因为别人无法达到这个标准而感到无力，要么因为自己的失败而受挫。只有让自己远离这些限制性的信念，才能重新获得轻盈、自由和力量。

借由冥想练习，更深地探索自己的限制性信念，并释放它。让自己从自我意识创造的牢笼中走出来。

爱是提升力量感最好的途径，尤其是对自己的爱

所有的“必须友善”“必须勤奋”一旦变成一种“应该”，就会变成强迫和压抑，即使是那些看上去很正确、很好的“应该”，只要一变成强迫，那么原本好的就会变成坏的。所以艾克·哈特在《新世界，灵性的觉醒》里说，“地狱之路是好的意图铺就的”。

任何时候，一旦强迫自己或他人只能做那些“好的”选择，那么这个“好习惯”“好品格”就会变成一种牢笼，因为如果只能做一种选择，那就意味着没有选择，没有选择就没有自由，没有自由就意味着所有的现有选择都是建立在自我压抑、自我牺牲上的。它并不是发自内心的遵循自由意志的选择，而是被迫履行某些社会规条或他人的期待而不得不做的一件事。这个“好”，原本的意义就消失了。这个“好”变成了一种负担和道德绑架。

对自己的爱，从自我接纳开始

“分享”“负责任”“帮助别人”，所有这些品质只有在允许自己可以“不分享”“不帮助他人”“不负责任”的前提下才有其真正的意义。

道德规范终究只是爱和善的替代品，永远不可能变成真正的爱和

善。例如，社会规范要求人们“孝顺父母”，要求儿女们常回家看看，但真正的爱是不需要任何要求或强迫的。如果你有孩子，你应该记得抱着那个小宝宝时的情景，你看着他的眼睛，他也看着你的眼睛，你们凝望着对方，那一刻你能感觉到这个小生命对你的爱。然而他不会背《弟子规》也不知道任何道德规范，他只是纯然地没有条件地想要爱你，选择爱你。

如果你需要借助某种约束或规范才能迫使对方爱你，那么你自己要先反省一下，为什么你会让自己与他的关系走到如此境地。如果你是那个被约束的一方，也要去想想，你在恐惧什么、想抓住什么，以至于允许对方有筹码可以控制你。

最大的自由，才有最大的成长，同时才能使出最大的力量。如果只是遵守道德规则，那不是成长，只是服从。

很多人担心，如果我什么都接纳，如果我对孩子或身边的人这么做，他们会不会就放纵自己，从此堕落下去了。

这些人在问这个问题时都有一个假设，他们认为人性本恶，只要有机会就会作恶堕落。他们不了解的是，所有的生命都有一个共同的原始动力——进化。进化的方向就是更好、更有力量、更有爱、更美。这是所有的生物共同的目标，不是以某个人的意愿为转移的。

在人类出现之前，这股力量已经创造出了无以计数的生命，创造出整个浩瀚的宇宙，从某个层面来说，也是这股力量推动了整个人类文明的发展。我们只是需要更多地去臣服于这股力量，不要从个人的视角去控制你所在意的人成长的节奏。

人类是地球上最为复杂和精致的生物，这个部分的原始动力更为强烈。人们并不需要一个充满担忧和焦虑的父母或领导、伴侣来告诉他：你应该变得更好。

在没有惩罚和苛责的前提下，依然愿意去做、愿意给出，那时候的给出才是真正有力量的。因为那不是某种交换，而是源于自己本心的选择，这时一切都变得更为轻松，而且更容易实现。那是一种更为自然的能量流动、顺势的状态。

就像我自己的经历。当我真正可以接纳自己的休息状态时，我就可以允许自己心无挂碍地休息，而没有那种一边休息一边还惶恐不安的感觉，休息后也会有更多的热情和创造力。

而且所有成就很高的人，无论是优秀的企业家，还是名校的高才生，如果你去观察他们，会发现他们都是非常重视休息的人。而且他们的工作勤奋和高效，绝不是自我强迫出来的，而是根本停不下来！还记得我之前提到过的吗？生命原始的目标就是进化，还有创造，当所有的压抑和强迫的人为纠结的力量都消除掉之后，源头那股想要创造的动力就没有阻碍地自然显现了。

哪怕是帮助他人也是如此，当你真正有帮助他人的力量时，前提是你必须接纳可以拒绝帮助他人的自己，否则即使你真的去帮助他人，也无法享受到这其中的快乐。因为那只是你基于要证明自己的“好人”形象而无法停止的自我强迫而已。

这本书的出现就是要提醒你，不要因为这样就进入自我攻击的模式，要学习带着自我肯定的心态去自我反省。更重要的是，所有的改变都是需要力量的，爱是提升力量最好的途径，尤其是对自己的爱。这份爱便是从自我接纳开始，甚至当你感到自己有不接纳时，消除这份不接纳的最好方式就是，先接纳自己的不接纳。

当你不害怕失去时你才能真正得到

真正能给出接纳的人，内心必定是强大和自由的。

生命中有很多这种悖论，当你不害怕失去时，你才能真正得到；当你不害怕失败时，你才可能真正成功；当你能够接纳自己的阴影，你才可以真正改变它。

去观察你过去的信念系统中自我苛责的部分，不再懊恼自己过去所犯的错误，不再执着地认为那样的自己是坏的、不好的，而是重新去审视定义它们。而且在我们的阴影里藏有各种各样的资源，学会看到并尊重利用这份资源，也是很重要的一种自爱的能力。

要未来变得更好而否认现在是完全没有必要的。永远要记住，现在的你就是最好的，下个阶段的你将会更好。

以下是几种不同阴影的价值和天赋：

拖延模式的天赋：是和潜意识的某种敏锐的连接，拖延通常表达内心的抗拒，代表有些内心深处的渴望一直被压抑，没有真正被看到、被尊重以及被满足。

讨好模式的天赋：连接力很强，对他人的感受和需求非常敏感。

指责模式隐藏的天赋：有力量，边界感很强。善于修正和看到进步的方向。

自卑模式的隐藏天赋：内在有巨大的潜力没有被开启，提醒你自己需要更多的自我接纳。善于看到他人优势的天赋。

软弱模式的隐藏天赋：足够柔软和灵活，善良，想保护别人。

倔强模式的隐藏天赋：足够独立，有力量，而且敢于对结果负责。对认定的东西深信不疑。

还有很多其他的，等着你自己去寻找其价值和答案。

帮你改掉坏习惯的接纳练习

做这个练习之前，请找一个不会被打扰的空间，以及给自己准备20分钟左右的时间，尽可能把这个练习做得深入一些。

写出几个自己不太喜欢自己的特质，或者觉得需要改变的特质。

比如：拖延、懒散、自卑、固执、没力量……

用左手感知那个你不喜欢的特质在自己身体的哪个部位，并接触它。

例如，你不喜欢自己的拖延，你感觉你的拖延在胃部，就用手掌触碰这个部分，闭上眼睛，深深地呼吸三次，让整个意识都和这个部分连接。

然后对自己的“拖延”说：

嗨，我看到你了，我看到我的拖延了。

我确实有时候会拖延，有时候不拖延。

即使我有拖延的部分，也不妨碍我爱这样的自己。

我可以有这个部分，那又如何？这并不妨碍我成为一个更好的人。

至少重复三次，直到你感觉你的内在对这个部分有了足够的接纳。

然后再用同样的句式来处理其他自己不喜欢的特质。

第三章

明白你是谁，你想要什么

你是在
为你的角色服务，
还是让你的角色
来服务你的生命，
这是个
很重要的选择。

内心越不稳定，越期待环境稳定

当你内在的力量不够稳定的时候，就会期望你的环境足够稳定。希望他们不要来“干扰你”，而你能量越低，你就越容易被干扰。所以，一个真正觉醒的人，并不会期待身边的人也必须是觉醒的。

内在力量不够，令我们跌入环境失控的循环

很多人常说：我这个人还是脾气挺好的，除非别人惹我生气。

而你是不可能以一种混乱动荡的状态去扭转事态发展方向的，这种状态只会强化现有的问题。

如果你想要升级你的生活，你必定要开始一些冒险，你需要进入一些全新的场景，做一些过去没有做过的事情，把你的生活打开，那些新的可能性才有机会进来。

对于很多人来说这都是很困难的，因为每一次进入未知的尝试都会伴随不确定感，这种不确定感也是一些内心不稳定的人极力避免的。因为太没有安全感所以非常害怕改变，而害怕改变会让能量更为萎缩，内心越无力就越渴望环境能够稳定，进而觉得需要不断地控制，以确保这种稳定。

然而这种低能量状态下的干预，反倒会把事情推向更为恶化的方向，使生活进入一个恶性的、封闭的循环状态。

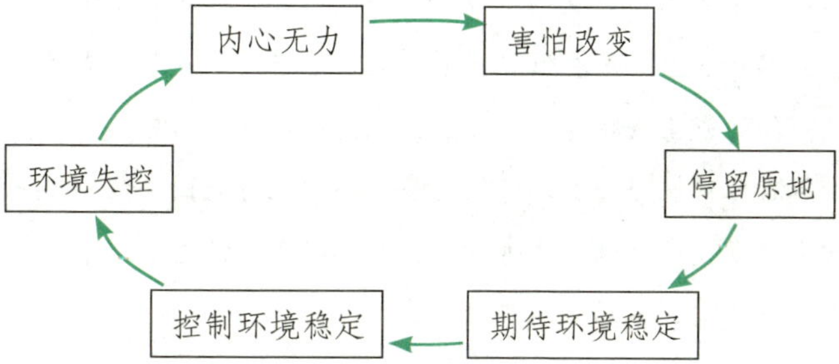

让我们来进入一个很多家庭都很常见的场景：

一天，你的老公给孩子买了水彩颜料做礼物。孩子很开心地接过来，屁颠屁颠地去画画了。这一刻，你不会觉得有任何问题。因为到目前为止，一切事情的发展都在你的期待中。

接下来，孩子画画的过程中，不小心把颜料弄到桌子上和衣服上了，而且因为孩子第一次使用水彩颜料，很容易掌握不好，搞砸了自己的画，急得大哭，哭泣声简直震耳欲聋，打破了家中的宁静。

你去劝，希望他的哭声能停止，让你的空间尽快回归宁静，你好言好语地劝他，可他完全不听，你的耐心值已经趋近于零，但依然耐着性子哄着孩子，可怎么劝都劝不好。

如果你的能量不够稳定，你很快就会被影响，你开始变得烦躁和恼怒。但你毫无觉知，因为你已经被烦躁和恼怒填满了，没有多余的注意力去自我觉察了。

终于到了某个临界点，你爆发了，你开始大声责备孩子，而孩子哭得更厉害了。你越来越烦躁，如果你还没有觉察并调整自己的状态，这股坏情绪会继续蔓延。

接下来你就会迁怒于其他人。比如埋怨丈夫：为什么买这些给孩子，这不是没事儿找事儿吗？做事情一点都不靠谱。

而你的先生被指责了，他也会觉得很委屈很愤怒。

然后他可能会回击，你们大吵一架，也可能因为这种桥段上演得太多，所以他不想再吵了，而是强压着愤怒沉默下来，但终归对你们的关系造成了破坏。

你看，整个过程就是这样。

当你内在的力量感不够时，一点小事就会逐步升级演化成一场灾难。对于归因能力很弱的人来说，会觉得这场灾难都是那个水彩颜料惹的祸，如果没有这个颜料就什么事儿都没有了。

可是他们不明白的是，这跟水彩颜料半毛钱关系都没有，只是因为自己能够平静应对事情的能力太差。

这让我想起一些制作精良但剧情粗糙的电视剧，通常反角女二号得不到意中人的垂青，就会恶狠狠地说，都是那个 ×××（女一号）出现，要不是她，我和我的意中人就一定会在一起了。

虽然这些反面角色塑造得简单粗暴，智商和情商都很令人着急，但确实也有不少现实基础，因为很多人的归因能力大概就是这个水平。

事实上有没有那个人都会是这样，因为你就是这样的，不是那个人也会是别人，只要你还是这样的你，情况就不会有多少改变。

我们会以自己当下的能量状态和所处的认知水平来把事情归因到某个点。

批判是最有效的削弱内在力量的方式

刚上大学的时候，有一次放假回家了。一天和妈妈一起出门买东西，回家时我们把全身上下摸了个遍，都找不到钥匙。

虽然很不情愿，但只好被迫接受了这个现实，我们俩都忘记带钥匙了，导致进不了门，而我爸那时出差，也没办法回来救我们。没办法，只好打电话叫锁匠过来开锁。

那时没有智能手机，更没有微信。所以我没什么事可做，唯一可以做的就是听着我妈的一阵阵数落。

妈妈没好气地一直在说，要你把钥匙带着总不记得，你这是把家当旅馆，一点责任心都没有……

我很不开心，不停地辩解甚至反击，我越解释我妈越生气，说得更厉害。

我：这又不是我的错。

妈妈：那是谁的错呢？难道是我的错吗？

我：为什么一定要有个人有错呢？

妈妈：没错的话，我们在外面站这么久，还要花冤枉钱找人开锁，这不是错是什么？

那个时候我智慧不够，还理不清这其中的缘由，虽然觉得很不对劲，但也无法反驳我妈妈，现在才意识到这意味着什么。

艾克哈特说，所有的痛苦都来自对当下的批判。当我们力量不够时，就会希望“意外”不要发生，因为没有足够的力量来面对，所以就会变成对当下发生的事情的抗拒，认为那“不应该发生”，那么自然就会觉得这是个错误。

只要你认为这是个“错误”，那么你必然需要找到一个对象来承担这个错误。要么就是对内攻击，要么就对外攻击。

能量低的时候就是内在的低能量情绪比较活跃的时候，例如：烦躁、焦虑、恼怒、焦急、愧疚、自责……

因为这种内在越不稳定就需要外部越稳定，所以会对生活中的环境、事、人有很多要求，这些人、事物的发展只要稍有点偏离内在的期待，这些负面的情绪就会被引发。

小到一次塞车、孩子哭泣，大到流失大客户、资金链断裂、婚姻中有人出轨、发生疾病等，因为内在没有足够的力量能够承载这些期待之外的事情，感觉自己简直就是个 loser。

为了掩饰这种无力感和挫败感，我们就会为它找个替罪羊，于是，你抱怨的对象就出现了。

可能是一个具体的人，你爸你妈、你的伴侣、你的孩子、你的老板、你的同事，或某一件事（不管这是你的事还是别人的事）、某些现象——这种向外归因的办法会看起来更客观，所以似乎抱怨得挺合理，例如批评这个国家，政府、教育体制、交通问题、司法制度、经济环境，等等，通常男性这么做的比例会更高一些。

但抱怨就是抱怨，抗拒就是抗拒，不会因为你找的“替罪羊”更宏观和抽象，这种抗拒当下和内心不稳定的情形就会消失。

如果你身边的人也有这种归因的思维路径，你们正好一拍即合，彼此强化这种信念，以及强化它所带来的无力感和受害感，那么这种模式就变得更不容易被察觉了。

当你能量越高时，内在的力量就越强大平稳。那如何让自己的能量保持平稳并不断提升呢？我们先来看看我们都是如何削弱自己的能量的吧！

批判是最有效的削弱内在力量的方式。批判的能量就是攻击的能量。想想你每天有大量的能量用在攻击上，同时内在还要生成防御性能量——自我辩解或自我隔离，那么你的能量不低才怪。无论这个批判是对自己的还是对他人的，本质上其实并没有区别，因为当你在批判时，相应的感受已经有了。

批判别人和批判自己，本质上没有区别

为了讲明白为什么批判别人跟批判自己没有区别，给大家讲一个我自己的经验。

几年前一个周末，我正在开工作坊，通常我们的地面课程都是在酒店举办，那天中午课程结束之后我们到酒店餐厅用餐。

到了餐厅后发现座无虚席，原来那里有一场婚礼正在举行，我需要穿过整个婚礼宾客用餐的区域走到最里面的位置。

在行走的过程中，我听到婚礼司仪字正腔圆、激情澎湃地讲着串词，而台下的宾客都在忙着对付桌上的鸡鸭鱼肉，几乎没有人抬头听他讲话。

看到这个场景，我心里闪过一个念头："讲得这么卖力，可是连几个抬头听他讲话的人都没有，这种工作真的是好没意思。"

但很快，我感知到当这个念头出现的时候，我的能量就降低了一点，很轻微，但我觉察到了。

我意识到，这里面有优越感出现了。因为我认为我的工作更有意义，我讲话的时候，我的学员都会很专注地听。

但这种优越感并不是真正的力量感，这种力量感是虚假而脆弱的，如果我认同这个评判，那么只要我的课程上出现学员走神或者打电话、玩手机或离开现场的人，就会带走我的力量。

于是就在那几秒钟，我马上放下我的评判，并重新扩充关于"讲话必须有人认真听才有价值"的信念，我看着那个婚礼主持人，重新给出祝福和欣赏，心想："如果可以不在意别人有没有认真听，而只是自己

纯然地享受和投入，这本身就是很棒的。”

很快我能感觉到我的能量上升了，由于对主持人的肯定，我自己也获得了愉快的心情。这整个过程很快，当我做完内在的转化动作时，我还没有走完那个十几米的过道。

但就在这短短的几秒，我清晰地感受到持有对别人的评判和放下评判对自己能量的影响。

无论是前面孩子画画急哭的故事，还是我和我妈被锁在门外的故事，其实只要放下评判就会停止对当前正在发生的事件的抗拒。

那么在这里教大家一个放下抗拒、给出接纳的句式——“×××是可以的”，比如：

> “孩子哭是可以的，哭久一点也是可以的。”
>
> “我因为孩子的哭泣而变得烦躁也是可以的。”
>
> “孩子是可以有烦躁情绪的，他也是可以表达自己情绪的。”
>
> “老公做一件想让孩子开心的事情，没有预料到后面的可能性也是完全可以的。”

如果你能在事件发生的时候，及时觉知自己的情绪，并能看到自己对于当下那个事件或人（包括自己）的评判，马上转化信念，放下这个评判，那么你会发现，你的内心会更加稳定，不容易被一些事件勾出坏情绪。

先从小事开始练习，不要一开始就不知死活地去挑战那些会引发你强烈情绪的对象，避免自己感受到强烈的“臣妾做不到啊”的无力感，因为接纳是需要内在相应的力量感和高能量状态做支撑的。

如果碰到实在接纳不了的情况，就先接纳自己的不接纳，给自己一点耐心是非常重要的。

在这个过程中，不断地在各种小的情境中练习，让自己觉察的速度和深度都能不断提升，积蓄力量，那么很快你会发现，你内在的力量感就会达到一个新境界。到那时，也许你就有机会去挑战你生命中那些核心主题了。

你在服务你的角色，还是让角色服务你

人们常常会犯这样的错误：允许自己的创造物来控制自己，把自己的创造物当作自己的一部分，甚至不惜消耗自己的生命来供养自己的创造物。“房奴”“孩奴”这些词很精准地表达了人们和他们的创造物之间的关系。

我曾经问过我的学员，你说你是你母亲的儿子，如果你的母亲离开你去了很远的地方或者去世了呢，你关系中的客体消失了，你的角色被拿掉了，那么你是谁呢？你生命的意义在哪里？

许多人无法回答这个问题，甚至无法接受这种假设，虽然在理性层面他们明白这一天迟早会发生，但是却拒绝面对。

许多人一辈子都在为一个角色而活，他们甚至忘记了还有自我这回事。在我们父母或者祖父母那一代这种观念更是非常严重的，你发现在那些近代中国历史背景的影视作品中会有这样的台词：“我生是 × 家的人，死是 × 家的鬼。”而生于 20 世纪四五十年代的人也会听到很多这样的宣传口号：“我是一颗螺丝钉。”所有的这些信念体系都在告诉人们，你的个人需要和个体意志不重要，你是谁你是什么人也不重要，关键是你能为你所在的组织或系统做什么。

而当一个人强迫自己必须“为他人着想”“为自己所在的系统着想”

时，也会强迫别人必须“为他人着想”，结果每个人都不敢为自己想，出于责任和义务去为别人着想，必须压抑着渴望活出自己的这股原始的生命力，所以就会变得非常地分裂纠结。也在这个过程中，遗忘了自己。

你是谁?

有时候我会在课程中问这个问题，“你是谁？”通常我得到的答案是某种关系中的角色，“我是一个七岁男孩儿的妈妈”“我是一个企业主”“我是一个老师”“我是一个创意人”。每一种角色认同都是处在某种关系中的一极，你的身份是主体，那么关系中相对应的另一方就是客体，如果你的角色认同是妈妈，对应的客体就是孩子，企业主对应的就是你的公司，依此类推，这个应该不难理解。

当你来到一个陌生的地方介绍自己时，或者当“你是谁？”这个问题在你的脑子里闪现时，你可以观察一下你给出的答案如果是一个角色的话，那么这是个什么角色？这个角色就是在目前你投入注意力最多的角色认同。

你越在意的角色认同，相应的你也会对客体那一方抱有很高的期待，并且会很在意在这个角色上是否取得被他人认可的成就。

以“妈妈”这个身份为例，当你更多只是把自己看作“一个七岁男孩的妈妈”时，你所有的思考方式和观察世界的视角都变得非常单一了，你会在绝大多数时候都站在“妈妈”这个角色的角度来思考问题，做的一切事情都以孩子为中心考量，例如要出去旅行，就会优先考虑适合孩子的地方，孩子喜欢玩什么，那个地方的食物孩子喜欢吃吗，等等。

当然，不仅仅是“妈妈”这个角色，所有的角色都是如此。某企业主、某人的儿子、某人的太太、某局长、某著名影星……当一个人日复一日，年复一年，长年累月地这样在某个角色中思考和行动，那么他就会慢慢地把自己的本体丢掉，逐渐失去自己，只剩这个角色了。

生活中有很多这样的人，当他们认同自己的某个角色时会完全失去平衡，他们把所有关于自我的形象都投射在那个角色上，完全忽略了本体的价值，而把所有的价值感的来源都寄托在所扮演的角色上。

比如认同“妈妈”这个角色的人，如果她身边有人对她说“你是怎么做妈妈的？”“哪有像你这样的母亲”之类的话。她就会感到非常挫败和痛苦，甚至觉得自己的整个价值都被否定了。她会要求自己成为一个标准意义上的好妈妈，如果自己出去旅行或出差几天没陪孩子，就会有深深的内疚感和自责。如果自我遗失得更厉害，会容易在更多大大小小的事情上引发自责，如孩子病了、瘦了、成绩下降了、不开心了、孩子没有朋友玩了等都会使她产生焦虑，继而引发自责情绪。

哪怕被否认的不是你，是你角色关系中的客体，都会让你心情受到严重影响。

假设在带孩子去游乐场玩的时候，你的孩子和另一个孩子发生了冲突，那个孩子哭了起来，你过去准备处理时，听到旁边有人议论你的孩子说“这个孩子好霸道啊！”“这孩子家教有点问题”，如果你有所觉察，你会意识到自己的心情马上被影响，尴尬、愤怒、想要辩解等感觉很快涌上来，也许需要几十分钟甚至几小时或更久的时间才能完全恢复平和自在的状态。当然，这还只是个陌生人的评判，如果是关系更亲近或者更重要的人，例如老师、家里的亲戚、父母，对你所造成的影响会严重很多，会持续的时间也会更长。

找到自我与角色的平衡

当我们对自我本体的关注和对角色的关注严重失衡时，你的行为方式、思考方式、关注的重点都会围绕着你的客体。

这个时候，你也和角色中的客体共生了，当你忘记了你不仅仅只是那个角色，同时还是你自己，那么你也会很自然地忘记了客体也不仅仅是他的角色，更是他自己。

只不过每个人期待的回报方式的标准各有不同。有些妈妈希望得到的回报是孩子的学习成绩好，有些希望孩子听话，有些希望孩子性格积极乐观，每个人在潜意识中的自我社会形象的渴望决定了这个标准。你认同角色的程度越深，对客体期待的程度也就越大，因此也就越容易在这个关系中患得患失，这就是你会发现丧失自我越多的人就越容易在他的关系中感受到疲惫和失望的原因。

我见过很多父母，孩子考了高分，孩子还挺坦然淡定的，结果父母比孩子还兴奋，孩子成绩下降了，父母却沮丧得饭都吃不好了。

越是把客体当作自己全部的人，和客体的关系问题也越严重。因为我们越无法在一段关系中做到独立，我们越失去自己生命的重心，就会把这个重心压到对方身上，对对方就会有非常多的要求和期待，例如期待对方永远保持开心快乐，如果对方表现出低落沮丧就会非常焦虑，并且过度介入；又或者期待对方要拥有健康，如果对方有些可能影响健康的生活习惯，例如抽烟、熬夜、挑食……就会过度紧张担心，并且用些过激的方式去管控对方。

因为我们已经丧失了靠自己获得开心、快乐的能力，所有的幸福感都建立在对方身上，所以对方的生活不能出现任何让我们感到不安的元素，如果有，就一定要消灭它。

这是一种非常危险的关系，因为这注定会让我们给出的爱充满控制和压力，可是没人喜欢把别人的人生压在自己身上，哪怕这个人是自己最爱的人。

而且一个把自己都给弄丢了，不会爱自己的人，怎么懂得真正爱别人呢？

很多时候我们说，解决问题的方法就是“接纳”和“放下”，但是为什么对很多人来说“放下”那么难，因为他们在过度认同角色的过程中遗失了自己的本体，这种代价比金钱和时间的价值更大，既然已经付出那么大代价就会更难停下来，就像沉没成本越多，想斩仓收手就越难。既然我什么都没了，只有这个了，那我必须要在这里翻盘。所以很多在婚姻中迷失自我的人，发现伴侣出轨，婚姻已经脆弱不堪，内心的第一念头不是“我要如何做才可以找回我的幸福”，而是“我死也不会离婚的，拖死你，你让我不好过，我也不让你好过”。就像一个输红了眼的赌徒，早已忘记了最初只不过是想找点乐趣才上桌玩一玩，可能最初赢了几把，结果越陷越深，最后把自己整个人生给搭进去了。

我们对自己的本体遗忘得越多，就越容易过度沉浸在角色之中，患得患失变得执着，而执着会让我们充满恐惧和无力。一旦你执着于某样东西，你就必须要背着它，看着它。当狱卒需要一天 24 小时守着囚犯时，其实早已没有真正的狱卒了，因为他已经变成了自己囚犯的囚犯。你的囚犯一天得不到自由，你也同样无法自由。

还是要强调一下，我在这里说的不仅仅是“妈妈”或“丈夫、妻子”这些角色，我说的是所有那些你执着的角色。无论那是什么。

你是在为你的角色服务，还是让你的角色来服务于你的生命，这是个很重要的选择。

最后我们就可以在学会爱人和自爱之间，在给予爱和感受爱之间，在角色和自我之间找到那个重要的平衡点。

不要被你的创造物所裹挟

我有一个朋友大刚，是个典型的东北汉子，180cm的身高，壮实的身形。他在北京做律师，而且是投行律师，出入二环最高档的写字楼，工作非常非常忙，是个称职的高富帅和工作狂。前不久听说他在河南焦作出差时突然心肌梗死，情况十分危急，当时立刻被送到医院去抢救，做手术，放了支架，住了几个星期的医院，才恢复过来。算是从鬼门关里走了一回，发病到送医院的整个过程只有他的一个客户一直陪着他。我知道时已经是第二天的凌晨了，想他还这么年轻，从此以后就要药不离身了。

后来去北京见他，那时他刚出院不久，几个朋友约了他一起聚聚。在咖啡厅，他一直都在敲打着笔记本写邮件收邮件，在一起的几小时里，除了吃饭都没多少时间抬起头看看我们，和我们好好说几句话。我有些意外，原本以为历经这样生死攸关的大事后会让他注意到一些比工作更为重要的东西，比如家人，比如朋友，比如每一个当下。但情况似乎并非如此，我问他，这件事带给你最大的改变是什么，大刚说，不要再熬夜了，以后身体哪里不舒服要重视。

我心里有点失望，就这些而已吗？但还是不死心地继续问，你有没有想过减少些工作，去做些别的事情，那些一直想去做而没有做的事情？不是那些你认为应该做的，而是真心喜欢的事情？

大刚看着我，笑笑说，工作哪是想停就停下来的，人都有些迫不得已的时候。

可是，生命中哪有那么多迫不得已和被逼无奈。无论何时我们都有第二个选项，只是我们都被自己的惯性思维困在一个认知框架中，做在那个层次和境界认为的价值最大的选择而已。

如果没有成功，你的归依之处在哪里？

凯文·凯利在他的著作《必然》中说道：如果你拒绝进行不断的小升级，那么积累起来的变化会最终变成一项巨大的更新，大到足以带来“创伤”级别的干扰。

这种“创伤”级别的干扰有可能是身体健康的报警、一次疾病、关系危机、金钱方面的重大问题，等等。

当你像围着磨盘的驴子不断地忙碌而忽略了自己，忘记了自己真正的样子，最后你辛苦忙碌出来的创造物可能就是把你拉入深渊的东西。

梭罗说：“忙碌不足以为人，蝼蚁也很忙。问题是你在忙什么呢？”

那些我们自己创造出来的东西，原本是来服务于我们的，但一旦我们开始依赖它甚至沉迷于它时，你的创造物就会把你毁灭掉。比如金钱，比如某个头衔，比如好身材，比如卓越的钢琴技巧。失去它你会觉得无所适从，你会茫然，你会觉得自己没有归依之处了。更重要的是，当你自己不完整时，即使你仍然拥有你的优秀，你却无法享受它，你会非常疲惫、紧张，害怕被取代，提防更优秀的人出现，需要随时随地抽打自己加快脚步。显然对于很多像大刚这样的人来说，保持优秀已经变成一种强迫性要求。

如果没有优秀没有成功，那自己还是有价值的吗？如果剥离了你的头衔你的项目，那你的归依之处在哪里？

《穿普拉达的女王》里，安迪得到了所有女孩都梦寐以求的《天桥》杂志主编助理的工作，她每天疲于奔命应付老板给她安排的各种工作，种类丰富得超乎想象，买咖啡、挂大衣这些基本项目根本不足一提，遛狗也是入门级的，还要24小时随时待命，暴风雨里满世界打电话给老板找一架能回家的飞机，给老板的双胞胎女儿弄到未出版的最新《哈利·波特》手稿。她因工作错过了男友的生日、好朋友的聚会、和爸爸的团聚……她为了工作错过了很多很多。

在《天桥》的前辈看到因在电话里跟男友争执而垂头丧气的安迪说，如果你的个人生活出现问题，那么很好，说明你的工作进入正轨了。如果你的个人生活全毁了，恭喜你，说明你要升职了。

有一次安迪看到她的老板一个人枯坐在偌大的房间里，脸上是从未被外人目睹的憔悴。得知米兰达的丈夫刚刚提出了离婚，而且这是她的第二次婚姻了。我想因为这个场景才有了最后安迪和米兰达的对话。

> 在车里，安迪说，我不想做那个选择。
>
> “你想过的生活，这些选择是必需的。”
>
> “但如果这不是我想要的呢？我是说，如果我不想要过你这样的生活呢？”
>
> “别傻了，安迪，每一个人都想过这种生活。每个人都想像我们一样。”
>
> 这时车到了，米兰达戴上墨镜，对着车外蜂拥而至的媒体露出熟练的微笑。
>
> 而安迪，看了看被众人围绕的米兰达，转身离开了。这一刻所有人都能看到她轻快的步子和脸上轻松愉悦的微笑。

我前面讲过我过去只有生病才允许自己休息的那个阶段，我也在要求自己达到“别人都想过的生活”。

当优秀成为一种强迫症时，人就变成了工作的奴隶，鞭挞自己不停地工作，不允许自己停下来，必须要通过疾病或者意外才能让自己安心地休息几天。

当我突破这个限制之后，对自己的爱和价值感越来越多，在那之后的这几年我再也没有生过病，因为我知道我不再需要利用疾病才“有资格”得到我想要的东西了，我也不再像强迫症一样无法停下工作了。我开始有力量去找寻自己内心真正想要的生活。

当你没有活出真正的自我时，你才需要通过优秀来证明自己，但当你为了证明自己而努力时，无论是拥有你所创造的成果，还是正在失去它，你都不可能真正地开心。这对于你的生命来说是很可惜的，你的灵魂来到这个世界上是为了体验开心、幸福，享受生命而来的，而不是为了疲惫和受苦的。需要很辛苦才能得到我们想要的生活，并不是这个世界的真理。

所有你的创造物都只是阶段性地陪伴你

记得以前我女儿问我，为什么我们家有钱可以买东西，我跟女儿说，可以有钱买你想要的玩具或者带你出去旅行，是因为妈妈非常努力地工作赚到了足够的钱。

但当我不断突破我自己的限制之后，最近她又再次问我类似的问题，我给她的答案是，我们家有钱是因为妈妈很喜欢并且很享受自己的工作，所以我就能很轻松地赚到很多钱。

优秀和成功不是你辛苦追求而来的，而是你享受每一个当下，然后自然发生的。

有一部电影叫《人生遥控器》，男主角急着加薪升职，觉得陪孩子开家长会、家庭聚餐、生病、堵车这些事都很浪费时间，于是不停地按快进键，于是他错过了无数次的吵架、遛狗、堵车、生病、家长会，无数次那些“无聊”的对话……终于他成为了公司的最高负责人，功成名就，但却和家人疏离，和已经长大的孩子生疏，他永远地错过了那些和家人相处的时光。

在一些古文化中，一周的第七天被叫作“安息日”，这一天要留给生活中那些最重要但又常常遭到忽略的部分，比如和自己的心连接，去感受自己的身体等。

不管别人懂不懂，你每周都应该找时间放下所有，滋养自己，这么做是为了你自己，你值得对自己这么费心。

优秀是你的优秀，成功也是你的成功。在所有这些之前，请记得，你自己才是最重要的，不要为了这些，把自己给弄丢了！

事实上那些角色只是我们的创造物，认同角色本身并没有问题，问题是过度认同，而在这过程中失去本体。

你依然可以享受成为一个母亲、一个丈夫、一个企业创始人、一个伟大的艺术家……我们来到地球上必须要体验一些角色，这既是我们的机会也是媒介。因为一切皆由这段关系的现状来体验，同时拿到一些反馈，来提醒你来到了哪个阶段，你的天赋是什么、恐惧是什么、限制是什么、盲点是什么。

你只是借由你的创造物和创造的过程来体验你自己。你可以创造出任何角色并去体验它，你拥有那些角色，但你并不是那些角色。比如我有一个身份是身心灵导师，后来我创办了一家公司，我又多了企业家这个身份，后来我开始写书，于是我又多了身心灵作家这个身份。也许有一天我会成为一个旅行者或者画家这些身份，只要那是我真的想要的，我都可以创造出来。你可以拥有很多个身份，只要你本体的光辉没有被蒙蔽，你可以创造出各种你想体验的身份的类型和深度。

只有你的本体是永恒的，所有你的创造物都只是阶段性地陪伴你，总有一天它们都会离开，或早或晚。区别只是你有意识地选择离开或是潜意识的力量带你离开。如果那个角色中的体验可以让你更好地扩充你自己并享受它，让你体验到自己的伟大、力量、智慧和爱你就可以继续，如果那个角色不再能满足这些了，你就可以不再那么认同它。如果有一天我不享受写书了，我就可以停下来，作家这个身份就不再陪伴我了，如果我不想再体验企业家这个身份了，我可能就会把公司给卖掉。但我却很清楚，即使拿掉这些身份，也依然丝毫不会贬损我的价值。

最后，你会发现无论是创造，享受，体验，放下，拿起，离开……通通都是可以的，因为你才是一切的源头。

看不清自己想要什么，就会变得软弱无力

很多人生命中最大的问题是不知道自己要什么。

当你在角色中过度认同，很直接的损失就是失去自我。而失去自我就会对自己真正想要的东西一片模糊。一直以来都以别人的期待为坐标，看不清自己想要什么，就会变得软弱无力。

这就好像你开着一辆世界顶级的跑车，拥有超过1000匹的巨大马力，但是你却开进了一片浓密的迷雾，根本看不清五米以外的地方，结果即使拥有强大的动力，这辆车也不可能开得多快，而是小心翼翼地缓慢地前行，所有的力量都发挥不出来。

力量来自为自己的感受和选择负全责

一次在课堂上，有个学员C举手，“周梵老师，我现在不是很开心，我觉得我这么不开心都是因为我老公当初逼我。”

然后她跟我讲了她的故事。她和她先生都是武汉人，他们结婚不久后C因为工作去了上海，当时做的是翻译工作，是属于某种特殊领域的翻译。C在这份工作中如鱼得水，很受公司重视，也很有成就感。但那几年，她的先生一直希望她回武汉，C非常不舍得离开这份工作。直

到后来先生给她下了最后通牒，如果不回去就离婚。C综合考虑了很久，觉得还是家庭更重要，只好辞掉工作回去了。回去没多久就怀孕了，然后在家待产，带孩子，孩子上幼儿园之后才又去工作。

但等C再回到职场时，发现自己所在的城市想找到完全同类型的工作是非常难的，她只好说服自己降低一些标准。之后在工作中也遇到很多烦心的事情，有的时候遇到不顺心的事，回家希望先生能给点关心和理解，他要是表现得不那么在意或者安慰不到重点，C就会很失望，心里生出诸多埋怨，觉得他什么忙也帮不上，只会拖后腿。而且越想越后悔，觉得自己不应该放弃当时那么好的工作回来，现在种种的不顺心都是当初她先生逼迫她回来才导致的。

这样的故事其实很典型，都是关于“当初如果不是因为 ×××，我就不会那样，也就不会有现在的问题和麻烦”。比如：

“如果不是当年我妈非让我跟那个人结婚，我现在也不会跟他过得那么不开心。”

“如果不是因为我爸不让我辞职，我早离开了，才不会这么大年纪还留在这个鬼地方呢。”

“如果不是那个朋友怂恿，我才不会浪费钱买这件一年都穿不上一次的衣服呢。”

“如果不是为了孩子，我早就离婚了。”

……

当人们在说这些话的时候，都有一个共同的假设——认为自己的某些选择是有人“逼迫”自己做的。但其实没有任何人可以剥夺你选择的自由，当我们感到自己会被别人逼迫或者限制时，只有一个原因——自己不敢拿出力量去行使自由选择的权力，或者说把为自己命运做决定的权力送给了别人。

自己越缺乏力量，就会对他人越依赖

人们常说，我希望我儿子更快乐，我希望我的伴侣积极点不要那么消极固执，我希望我父母能开心健康。

但如果你问他们那你自己呢，你希望自己如何？他们会说我不想要这个不想要那个，我不想要孤独、不想要焦虑、不想这么累、不想压力这么大，但如果你追得更紧点儿，问他们你究竟想要的是什么，真正想去做什么？他们会突然怔住，我……我不知道……

我们关注别人太久之后，会对自己的感受变得模糊和生疏，甚至不知道自己内心深处究竟想要什么。所以很多人最大的困惑就来自不知道自己想要什么。

成长最重要的意义就是去发现我们的养育者和社会文化植入给我们的信念体系是什么，学习不被这些信念体系所奴役，敏锐地分辨出什么是别人告诉你的，什么是你被要求的，什么是自己内心真正渴望的，并找回力量活出自己真正想要的生活。

很多人都自认为还算是了解自己，然而事实是我们对自身的了解就像对宇宙的了解一样少。当我触及自己心灵的本体时，我强烈地意识到我的本体和其他人的本体并无不同，那是同样的源头。触碰到越来越多你未曾发现的自我力量时，你会发现其实这种力量每个人都有，正如心学思想家王阳明说的：人人皆有良知。

佛陀在菩提树下觉醒时说的第一句话就是“妙哉，人人皆有佛性，人人皆可成佛”。我们每个人内在都有无限的创造力和潜力，而限制我们使用出这份力量的正是我们对自己的各种限制性的认知，这种狭隘的自我认知就像绑在大象脚上的细链锁一样，把一头强大的大象囚禁在一个狭小的区域之中。

我们自己越缺乏力量，越会有无力、挫败、不安全的感觉，所以就会渴望身边的人能够给我们安全感、信心、勇气……然而对他人越依赖就会感受到更多挫败和无力（因为最终你一定会发现没人会变成你期待的样子），同时也损失掉更多的时间和注意力来找回自己的力量。

敢于拒绝才能真正地承担

当C向我抱怨因先生的逼迫而放弃那么好的工作，现在却得不到他的理解的时候，我提醒她：你最大的问题是在于当初你做了这个选择，但是你不认为这个选择是自己做的，你认为这个选择是别人逼你做的。事实上，这个决定其实是你深思熟虑，权衡过你能够承受的最大的风险和其中的利益之后所做的当下你认为对你最合适的决定。但是，当这个决定引发了一系列的困难和挑战，需要你去面对的时候，你就后悔了，或者是不愿意全然地承担这些问题。所以每当碰到相关的问题，你就会把这个责任推给你的先生，认为当初是他逼你回来的。但其实所有的决定都是你自己做的。

当我们把责任推出去时，也把内在的力量推出去了

其实很多人都是这样的，他们既想做自己，又不敢全然地做自己，因为当你做自己的时候你就要为自己的一切来负责。那些认为别人可以控制自己的人，其实是自己无意识地把选择权交到了对方手上，以逃避选择。然而人们却常常忘记，即使是别人为你做的选择，最后的那个结果还是要你自己来承担。

所以当我们开始没有足够的力量去为自己的选择负责任，或者是想去规避这些选择所带来的风险和压力的时候，我们就会把选择权交到别人手上，表面上看起来好像是被别人控制、胁迫了一样。

但真相是：没有人能真正地胁迫你做任何事。我们之所以会去做一件事，是因为最后那个呈现的结果都是我们认同的。

无论这个可以控制你的人是谁，是你的父母、你的伴侣、你的好朋友、你的上司……或是你身边的任何人，一定是因为在他们身上有你想要的东西。这个东西有可能是有形的，比如说金钱、权力……或者是无形的，比如安全感、爱、被关心的感觉，等等。

当我们把责任交出去，让对方来干预我们的生活，在这个当中我们一定是会享受到一些益处的。但是在这个过程中，我们又会承担一些因为对方的选择给我们所带来的不自由的感觉、委屈的感觉，或者是这个选择所带来的各种问题。于是我们又会抱怨，觉得是对方让我们成为这样子！

这就像莎士比亚写的《麦克白》里，麦克白的夫人也被叫作海盗夫人。意思是说海盗会去劫财，做一些违法的勾当，烧杀掳掠，然后他会抢一些财富和珠宝回来。他的妻子就会享用他的财宝，他所做的这些事情给他的妻子带来一些非常好的生活改善。但是这个妻子一边在享受她丈夫给她带来的这些好处，一方面又在谴责她的丈夫：你看你怎么做这种违法乱纪的事情？你看你怎么做这种伤天害理的事情？你太过分了……这就是我们常说的强盗的妻子。她一边享受着当中的好处，一边又抱怨对方，不想和对方一起承担。

所以你会发现，当我们把我们生命的责任和对我们自己感受的责任推出去的时候，我们也把我们内在的力量也推出去了。

其实你要做的很简单，要么就把责任全部收回来，就像这个海盗的妻子，既然不喜欢丈夫这样做，要么就离开他，要么就改变他。如果既不想离开他，又不想改变他，那么你就应该感恩他！

从始至终对自己的选择负全责

在任何时候，你都有三种以上的选择，要么离开，要么改变，要么接纳。如果你相信自己没有力量，需要依赖对方的某些资源，那么就接纳你目前的这个现状。如果这不是你想要的，也没有意愿改变，那么你也可以选择离开这段关系。如果你想要保留这段关系，就要提升自己的力量，学会真实的不带攻击性的表达，为你关系的现状负全责。

当人们说“莫忘初心”时，指的其实就是从始至终地对自己的选择负全责。

例如，你的一个好朋友在两年前遇到经济上的困难，于是你借了一笔钱给他。他过了一年，终于全部还清了。在那个时候，你的帮助是没有任何条件的，只是出于本心，纯粹地想帮助对方，而且能帮上对方的忙也让你感到很开心。过了几年，你自己遇到一件难事，于是开口向你的好朋友借钱，可是没想到，他却拒绝了你。虽然你知道他也有难处，但是你却依然很愤怒……

而真相是这件事和之前的事没有任何关系，你最初给予帮助的时候也没有想过这是有条件的，需要对方来交换什么。这一刻你失望了，这个时候小我冒出来利用过去来演绎这件事，强化此刻失望的感觉。于是被辜负的感觉出现了，你忘记了初心，甚至玷污了它，我们就是经常这样自我污染的。

类似的事情比比皆是，很多时候我们最初的动念是很纯净的，在那一刻虽然我们是付出者，但在付出的同时其实我们就已经得到回报了。就是那种纯粹的幸福感，满足感。然而事后我们却忘记了那份初心，纵容小我利用那个过去来控制别人。

任何选择都要出自自己的本心，基于当下的美好感受，如果当下的感受不美好，而期待通过这个行为来获得别人给你某种回报，那么就不要做这个选择，因为这个期待注定是要落空的。

不要害怕拒绝别人就会成为“坏人”，不敢做“坏人”而做的“好人”也不是真正的好人。最大的自由才能带来最大的成长。

拥有自由就可以拥有力量接受他人的任何选择。而自己也可以根据自己真正想要的来决定是拒绝还是接受，并为此负全责。

敢于拒绝才可能真正地承担，不惧失去才可能真正拥有。

第四章

教会你身边的人如何爱你

敢于直面和承认
自己的需要，
并为此负责，
同时能够理解
并尊重他人的需要，
这就是爱自己。

直面自己的需要而不是粉饰它

面对并承认自己的需要的基础是要有强大的内心力量。因为你要承认自己是可以“自私”的，允许自己“自私”，完全接纳自己有“自私”的这一面。

美国著名的心灵导师彼尚曾经讲过这样一个故事。

一次他坐他哥哥开的车出行，路途中，彼尚的哥哥说，我想吃口香糖了，你那儿有吗？彼尚掏了掏裤兜，很幸运地摸出了五粒口香糖，然后彼尚想也没想拿起其中的三颗扔进嘴里，把另外两颗递给哥哥。

他哥哥皱着眉头接过那两粒口香糖说，如果是我，我会把那三粒给你，我自己只吃另外两粒。

彼尚说，没错，我就是按你说的做的呀。

他哥哥说，不是，我的意思是，作为主人你应该把多的留给别人、留给客人，自己吃少的。这样才有礼貌。

彼尚说，不不，如果是四粒口香糖我会我们一人一半，但我没办法把五粒分成一人一半，真相是我爱你，但我爱自己更多一些，所以我会自己吃更多一点的那一半。

他哥哥听了之后，沉默了很长时间，在后来行驶的路途中，时不时就若有所思地侧过头来盯着彼尚。过了很久，他哥哥说，我很羡慕你可以这样，虽然我觉得这个对我来说很难，但我也希望有一天我能像你这样真实地面对自己和别人。

被压抑的需要并不会凭空消失

记得很多年前看一个访谈节目，嘉宾是周星驰，他回忆小时候的一件事，说那时候家里很穷，有一次妈妈带他和其他兄弟姐妹上街，经过路边一个小摊，几乎没拥有什么玩具的他看到一个小玩意儿，非常非常喜欢，就央求妈妈给他买，可是妈妈不同意，他继续央求甚至哭了起来，结果妈妈在大街上把小小的周星驰打了一顿，拖着他离开了那个小摊。周星驰在讲这段故事的时候，表情非常严肃，在故事结束后，他蹙着眉头看着主持人的眼睛说，她不给我买就算了，为什么还要打我？问这个问题时周星驰已经快五十岁了，即使过了这么多年，获得了这样大的成就，这件事依然无法让他释怀。

中国家庭中，有非常多的母亲把重视家人忽略自己奉为人生准则。这种价值观在物质相对匮乏的年代是很重要的，但是在科技已经如此发达，物质丰盛的今天，这套价值观已经不再适合。当我们不尊重自己的需要时，自然就无法很好地尊重他人的需要，周星驰的母亲的反应是那个时代父母非常常见的反应，然而现在这种情况也没有改善多少。

孩子想去游乐场，一遍遍地对妈妈表达："我想去游乐场嘛。"刚跟爸爸怄完气的妈妈很烦："你怎么这么不懂事，妈妈为这个家整天忙，给你赚钱买吃买穿，好不容易休息下你也不体谅妈妈？成天正事儿不干，就知道玩！"于是孩子真觉得自己做错事，悲伤地回到自己房间。

父母都是普通人，当然会有无法满足孩子要求的时候，会有情绪，会累，会感觉到压力，而这些时候我们就有不想承担这种压力，或者想要休息一会儿的需要。但因为父母从来都没有学过该如何直面自己的需要，所以当这些真实的需要浮现时，会让父母感到羞耻或内疚，尤其是自我价值感低的父母。于是在拒绝孩子时，附加一堆道理证明自己的拒绝合情合理，孩子的要求不合道理。讲道理的本质是——我是对的，你是错的。这样虽避免了内疚，但爱的流动却被阻断，孩子体验到“被拒绝＝我是错的”。真正让人痛苦的不是事情本身没有达成，而是被评判为“错误的，不讲道理的我不值得被爱”。

这就是周星驰已经年近半百却依然没有从童年的那件事里释怀的原因吧。

被压抑的需要到最后并不会因为这些自我压抑而消失，它们依然会在那里，只是以一种更隐蔽、更迂回的方式呈现出来——要么根本就彻底否认自己的需要，对他人各种讨好；或者把属于自己的个人需要包装成一种更正确的、更符合社会标准的道德准则去要求对方，同时抨击对方如果不满足自己的需要就是道德低下。

敢于承认和面对自己的需要，你才变得真实有担当

我的一位访客，是位非常漂亮的女人，她和身价不菲的丈夫感情出现了裂痕，各种狗血剧情都上演了一遍，最后实在痛苦不堪想要离婚。她表现出很洒脱的样子说我可以什么都不要，只有一个条件，我希望由丈夫来抚养两个孩子，因为这样才可以给孩子最好的照顾。结果丈夫就是不同意留下孩子，她在咨询时跟我抱怨，怎么会有这么不负责任的男人，我认识的最不齿的男人离了婚都是抢着要孩子的，这个男人的人品真是太差了。

我提醒她，希望对方留下孩子是你的需要，因为你没有信心应对一个单身妈妈带着两个孩子的生活，这种生活你目前还做不到，你害怕了，但这并不丢人，但是你不能为了粉饰自己的害怕，而在道德层面上去谴

责对方。

这个行为和很多父母责备孩子不满足自己的期待就是“不孝”的心理动力是一样的。

父母期待孩子按照自己的意志生活，是因为他们需要安全感，需要掌控感，当孩子不听从的时候，父母的这种掌控感就消失了，因此会带来不安和焦虑。但他们意识不到这只是他们的个人需要，而且在原有的信念系统里根本不能接纳人是可以有个人需要的，所以又要拼命地去粉饰它。

另一位工作狂丈夫T，常年在外出差加班，即使回家了也经常工作电话打个没完。妻子委屈极了，跟丈夫吵架，问他可不可以多关心下家人。可T每次都感觉自己更委屈——自己这么辛苦工作，还不都是为了这个家吗？

而太太无法接受这样的说辞，她说我根本不需要你赚这么多钱，我从没感觉你真正关心过这个家……

当他们找到我做婚姻咨询之后，我做的第一件事，就是让丈夫T停止粉饰自己行为背后的需要。而向自己的太太表达过度专注工作背后的真实动力。

我引导T慢慢觉知到一些之前他自己都未曾发现的原因，T说，我很害怕面对我们之间感情上的冲突，我们吵架之后我不知道怎么面对。我感觉自己在家庭中很挫败、很没用，而工作能带给我一些成就感，所以我躲到工作中，因为在那里我会感到安全、觉得自己是有价值的。

很长一段时间，他们的关系一直被卡在T“负责任的好男人”的人格面具之下，当T终于可以对妻子说出这句话时，他们的关系才真正开始流动，真实的沟通表达才开始了。

2014年获得包括最佳剧情、最佳男主角等多项大奖的美剧《绝命毒师》是部非常深刻的片子。主角是一位中学的化学老师沃尔特，他一辈子都活得窝窝囊囊。在得知自己身患绝症的情况下，为了给家人留下财产使他们在自己死后衣食无忧，他瞒着自己的家人，利用掌握的化学知识制造毒品。可当他攒够了当初打算留给孩子的钱之后却停不下手，继续制毒贩毒，从第一次杀人的战战兢兢到后来的轻车熟路，卷进越来越多的犯罪集团和案件中，也给家人带来了很多危险。最后事情败露，他的妻子和儿子终于知道他之前赚的钱是制毒获得的，在家人承受巨大压力、愤怒、痛苦时，沃尔特每次都会跟自己的妻子辩解说，我所做的这些都是为了这个家。

在《绝命毒师》大结局的那一集，沃尔特已经众叛亲离，家里原来的房子也被政府收走了，妻儿和刚刚出生不久的小女儿住在临时安置点里，他自己则躲在北方一个镇上，躲了将近一年之后，他决定回去以同归于尽的方式和之前背叛他的黑帮罪犯做最后的了结。他躲过警察，来到妻儿居住的简陋公寓，和家人做最后的告别。

他交代了一些事情，最后对他的妻子说，我所做的一切，你要明白……

他的妻子压抑着愤怒打断他，如果还要我再听一遍，你做这些是为了这个家……

沃尔特打断她，说，我做这些是为我自己。我喜欢。我真的很擅长这些，而且我，终于算是真正精彩地活过了。

他的妻子很吃惊，这是她第一次听到沃尔特不再拿家人为自己的行为做借口。她整个人都放松下来，闭上眼睛低下头，轻轻地点了点头。

我知道，这一刻，她才真正可以原谅沃尔特的所作所为对家人带来的伤害。

往往内心越脆弱的人越害怕面对自己的软弱，越有匮乏感的人越要用尽全力掩饰自己的自私。当沃尔特经历了那么多风浪，他终于从一个懦弱的男人变成一个有力量的男人了，也是在这一刻他才敢于承认和面对自己的需要。

人们往往更容易接受他们的家人朋友做自己想做的事情，爱自己、满足自己，而不是给这种个人需要的行为标榜一个冠冕堂皇的理由。当你真正懂得坦诚表达自己的需要，你才开始变得真实有担当。

无论我们要求对方做什么，还是拒绝对方做什么，这里面都有我们自己的需要。

敢于直面和承认自己的需要，并为此负责，同时能够理解并尊重他人的需要，这就是爱自己。

但明明有需要，却用各种理由为自己的需要辩解，否认它，粉饰它，或者抨击别人的需要，贬低他人需要的合理性，这就是自私。

这就是自爱和自私最大的区别。

冥想练习▶

突破不配得感

我们常常用“等有一天，我就可以”这种对未来的美好假设作为动力，来驱使自己熬过当下的辛苦和疲惫感，可事实上，“未来”永远也不会来，因为每一个“未来”都在当下发生。不要委屈你的“当下”，在此刻，学会在忙碌的工作生活中拨出一些时间来休息，来滋养自己：

- 去湖边坐一会儿，发发呆，看看波光粼粼的水面，让心和湖水一起缓缓流淌，去感受这其中的美。
- 或者画画，不管是画得好不好，去画自己想画的就好。
- 甚至是对陌生人微笑，蹲在地上看蚂蚁，观察树叶或小动物……

当然你还有很多可以去做的事。任何你觉得有趣的、能享受的事，都可以去做。不要等到有时间了再做，不要为发朋友圈炫耀才做，不要等有了很多钱才去做，现在就去做，而且是只为享受当下去做。同时你去自我观察——一小时，两小时之后，你的心里有没有感到隐隐的不安？有没有小小的声音在问自己：

“这样真的可以吗？”

“这会不会太过奢侈？”

“还有一堆事儿呢！”

“这样会不会太自私？”

“有这必要吗？我是不是在浪费光阴？”

现在，请放下你的“不安”与“愧疚”，借由冥想，不断告诉自己，我值得被宠爱，我可以自由地选择把时间使用在哪里，我可以给自己留出更多的时间，因为我才是我的世界的主人。我好了，我的世界就会好。我可以享受滋养，享受富足与平静，善待自己，重视自己，去做自己真心想做的事情。我值得享有生命中一切的美好。

教会你身边的人如何爱你，是你的责任

我们身边所有的人和我们的互动方式都是我们自己教会对方的。如果你感到对方习惯于指责你、控制你，那么你要反思一下，你是如何创造出这样的互动模式的，并尽力从这种模式中彻底离开，创造全新的，你想要真正体验的模式。

当我们和身边的人出现摩擦时，周围的亲戚朋友往往劝你“忍一忍就过去了”，这几乎已经成了很多人的关系指南，要么压抑隐忍，要么到某个忍耐的极限，以一种破坏力极强的方式连本带利地爆发出来。

如果你决定留在一段关系中，那么就要为这段关系负责任，学会如何与对方沟通，告诉对方你的需要和边界是非常重要的。

及时且清晰地表达自己的需要和边界

要学会及时且清晰地表达自己的需要和边界。简单来说就是：“我希望你做的”和“我不希望你做的”。

很多人会无意识地埋怨对方：我觉得你一点都不关心我，我希望你对我好一点……

但是这种表达会让身边的人感到委屈和困惑，因为大多数都在尽

己所能去给予家人和朋友关心和理解，所以当听到身边人的这种抱怨时，心里难免会有个反弹的声音“难道我不够关心你吗？我为你做了那么多，你竟然还觉得我对你不好？”而根本原因就是对方并不知道你所谓的“关心”“好”是一种怎样的表达方式。每个人的原生家庭、成长背景都是完全不同的，每个人认知到的感受爱和表达爱的方式都有差别。

很多人抗拒清晰地表达自己的需要，他们会有这样一些逻辑：

> 如果你爱我你就应该懂我，如果你不懂我，就说明你不爱我；
>
> 如果你不懂我，我不会跟你说我要什么，因为如果是我找你要你再给我那多没意思啊；
>
> 如果你知道了我想要什么必须要按照我想要的方式表达出来，如果不是按照我想要的方式表达，那也说明不爱我。至于我具体想要哪种方式，第一我自己可能也不清楚，但是我清楚我不想要什么；第二同上，如果我告诉你了，那是我找你要来的，你再给我就没劲了。

这些话白纸黑字写出来虽然让人感觉很荒谬幼稚，但是很多人潜意识中就是这样的逻辑。这就是孩子的逻辑，不讲道理的逻辑。

如果你发现自己也是这样，那么你需要学会更为清晰明确地表达你的需要。

“我希望你对我好一点”“我希望你理解我”这种表达方式太笼统了，对方无法清晰地知道到底该如何做，而且每个人表达爱的方式都是不同的，有些人偏向为对方做一些事情，有的人通过语言来表达，还有些人偏好提供某种物质保障来表达爱，所以你没有清晰表达出来的时候，对方自然会用自己认知到的方式来表达。

而且表达一定要即时，并尽可能在第一时间去表达，最好不要用回避、自我说服等方式来把期待压制下去，除非你自己感觉你可以彻底转化和放下这个期待。如果你都不为你自己的感受负责任，却期待别人来为此负责，期待别人来让你开心满意，这是不可能的。为自己的感受和需要负责任是很重要的一种自爱的能力。

记得很多年前，有一次我们公司准备做一个年会。因为时间非常紧张，所以需要在很短的时间内完成很多事情。我也参与进去负责好几个部分。其中一个就是为这次年会设计伴手礼的纸袋图案。我记得当时有很多事情，所以我只有一个下午的时间和设计师沟通，修改方案。经过高效的沟通，终于在下班之前定稿并安排印刷，第二天就可以拿到成品了。

晚上我和先生吃完晚饭坐在沙发上闲聊，我还敲着电脑，跟进一些其他的工作。说起年会的事情，我把电脑转过去给他看今天定稿的手袋设计。我问他："这是我们下午定稿的手袋方案，怎么样？"

然后我的先生二话不说，砰砰砰，敲着电脑屏幕，指出了三处问题，并给出了修改意见。

我越听心情越低落，淡淡地"哦"了一声，讪讪地把电脑拿了回来。继续我手上的事情。但是很明显，我感觉到我有些不舒服。接下来的十几分钟，我先生跟我说话，我都爱答不理，没给他什么好脸色。

很快我意识到，其实我自己对这个设计成果还是挺满意的，而且现在已经定稿印刷了，再指出问题已经没有任何意义了。刚才给他看这个设计稿，其实我的期待很简单——只是"求表扬"，希望他夸夸我在这么有限的时间下能做出这样品质的设计。但我不想那么直接地表达我这个期待，因为在另一个层面，我觉得这个期待一点也不高端大气，甚至还有那么点幼稚。所以我希望在我不说明的情况下，我的先生能猜到我想要什么反应并给到我。然而他却给了我完全不想要的回应。

我对先生刚才的回应有些失望，我有些生他的气，却闷在心里不明说，并用低落的情绪来惩罚他。我意识到这是过去的习惯又回来了。

而我的先生其实已经发现我有些不对劲了，但却不明就里，想问又不知道从何问起。

于是我告诉他，刚才我有点儿不舒服，你注意到了吗？他说，是的，我注意到了。

我说，其实这个方案已经定稿印刷了。我不需要修改意见，而且现在给我修改意见已经没有意义了。我刚才给你看就是希望你能夸夸我，毕竟这个设计稿是在很短的时间内做出来的，我还是挺有成就感的。所以刚才你指出问题的时候，我有点儿失望，因为和我想要的结果不太一样。

然后先生马上说，“哦，是这样啊，我还以为你给我看就是想要问我建议的呢。其实已经很不错很完美了。真的真的。”

我笑着看着他有点急于卖乖的样子，其实这一刻他的表扬已经不那么重要了。对我价值更大的是，我可以更深层快速地捕捉到自己内在的过程，并用成熟的方式表达出来。

而经过这样的沟通后，我们也变得更有默契和亲密了。

你的期待在对方的能力范围之内吗？

当你能即时且清晰地表达自己的需要时，你已经为你的关系的进步迈开了很大一步了。

那么接下来还需要做两个方面的评估：

第一是对方有没有足够的能力或能量支持他满足你的需求；

第二是对方有没有足够的意愿去做，也就是你们过去的关系基础是否达到了这个前提。

我们先来谈谈第一个，就是对方是否有足够的能力或能量，来满足你的需求。

一个人能做到一件事，并不仅仅是拥有“意愿”就足够。比如很多人都希望自己身体更健康身材更好，而且他们也知道只要做到“少吃多动”就好了，只有简单的四个字，但是对于很多人来讲却并不容易做到。因为这里面涉及很多主题，比如他需要突破内在的疲惫感、拖延、自我攻击、挫败感等这些才能做到。

我有些学员在和老人相处时遇到一些困境，老人有很多责备和控制，而这个时候她们会有个期待，希望先生能去影响自己的父母，让老人可以改变他们的想法和态度。当然也有男女反过来的例子。他们会说，我已经很清晰明确地表达了，我就是希望他 / 她能跟自己父母谈一谈，让他们别这样了。

可是他们却忽略了这个期待根本就超出了对方的能力范畴。他 / 她自己可能都还没有力量摆脱父母的控制，哪里做得到去改变自己的父母。

但很多人因无法理解当下真实的境况和了解对方状态，而非常执着自己的期待，并会用各种“应该”“不应该”来合理化自己的期待，“这是他们家的人，他应该管”“我做了这么多，为什么就是要不停挑我毛病”……

我记得女儿小时候，每当她画出一幅满意的作品拿给我看时，永远都是把有画面的那一面对着自己，把空白的背面对着我，然后兴奋地举起来说：“妈妈，你看，漂亮吗？”在她三岁之前我从来没有纠正过她，因为我知道那没有意义，所以我会看着那张纸的背面说，哇，好漂亮。心智没有足够成熟时，孩子没有办法理解“我看到的世界和你看到的世界是不一样的”这件事。

你应该见过那种无法理解“商店关门了”，而在晚上 10 点为了要一样家里没有准备的食物或玩具而哭到抽搐的孩子吧。

孩子这样是可以的，但如果你已经是个成年人，却还在要求你身边的人给你一些他们根本没有的东西，例如理解、信任、肯定……那么你首先要明白在这个维度上的“商店关门了”。

找别人要一样他们根本给不出来的东西，只能徒增彼此的痛苦。

爱是积累来的，不爱也是

如果你客观地评估之后，发现以对方目前的能力和能量状态确实给不出你想要的东西，那么你有两种选择：要么支持对方、滋养对方，让他慢慢获得这种能力；要么放下这份期待，学会自我满足。

真正自信自爱的人才可以在关系中做到平衡

在一段关系中有能力关注“我们”的人，必须有很重要的特质，那就是他的自我人格发展得比较完整。

如果一个人在成长的过程中，从未体验过他的养育者给予的足够的耐心、宽容、信任、无条件的支持……那么他也不可能给出这些。

说简单点，要给出爱的人必须自己拥有爱，就好像你要送别人一个苹果，那前提是你必须拥有至少一个苹果，否则即使你想给，也是给不出来的。

儿童在成长过程中需要发展心智，而大部分人更多的是只发展了“智”的层面，“心”的层面的成长是缺失的。尤其是很多男性在情感层面尚未发育成熟，因为他们在成长过程中并没有从父母那里学会如何表达爱、接收爱、感知爱，如何让爱流动，甚至没有学会在情感层面的基础沟通，要么回避沟通，要么暴力沟通。

为了方便表达，我会以某一种性别作为主体描述，下面这种情况，男性比例会偏多，但所阐述的状况，其实是人性的共性，所以在很多情况下，男女位置也是可以掉换的。

在很多失衡的爱情的早期，男人无微不至、肝脑涂地地追求一个女孩，任打任骂，心里没有自己只有对方，这样的关系一定是不稳定不长久的。这个“好”只是一个自我构建的不完善而短暂补偿的一种假象。

他们带着自我压抑小心翼翼地讨好，是因为自我价值感很低，对爱感觉非常匮乏，所以渴望通过不断的付出和讨好换回对方的爱。还有一种我称之为“狩猎心态”的讨好，是靠这段关系来找存在感，自我证明：我要把你追到手，证明我足够厉害。或者在一个人身上这两种成分都有。当他们的关系真正稳定下来时，那个男人却“变了”，这个“好”再也给不出来了，因为之前给的“好”是用一种自我消耗的方式在给，靠撑、靠忍、靠死扛、靠自我说服，而不是来自本然的状态，所以给到最后不是不想给，而是消耗殆尽给不出来了。而且这个男人的潜意识里就会有个声音：“我付出了一年多了，你总该回报我点了吧？”“我累了，我觉得我给得够多了，我希望你能给我一点爱。”

然而这个时候，大部分女人已经把之前失衡的关系作为常态了，这种格局的改变并不是她们之前预期的，她们会以为之前的关系格局会一直持续下去。甚至有些女人会把这种失衡状态作为判别男人是否真心的标准，就像《欢乐颂》中樊胜美的观点：“男人如果在追你的时候都对你不够好，那结婚以后你就惨了。”

这种观点不知道害了多少人，女人把自己当作猎物或商品，待价而沽，男人就要拿出相应的东西来交换，例如物质保障、体贴的行为、委曲求全的姿态，等等。在这样的关系中，无论是男人还是女人都物化了自己，也物化了对方，没有看到自己是一个鲜活真实的人，也没有机会创造出一段真正亲密、真实的关系。这种交易性在关系的最初就定下了基调。所以樊胜美是整部剧中最物化自己的人，也会物化来到她身边的男人。但同时也是因为她所成长的家庭一直在物化她，使她没有学会如何看到自己、尊重自己、爱自己。

根据大家熟知的吸引力法则，吸引心智成熟的暖男的一定是心智同样成熟的暖女。而女人迷恋被讨好、被呵护的状态，并对此产生依赖本身也是心智不够成熟的表现。

可能很多人会有疑惑，不对呀，我就看过一些任性不靠谱的女孩旁边有个特别温柔好脾气的男人，或者反之。但有个我们需要厘清的问题是，暖男只有是心灵深处对关系有着安全感并有感知他人的能力的人，而且自我价值较高，他们能够自信自爱并拥有完整的自我，才可以在关系中做到很好的平衡。他们会让身边的人很舒服，体贴而不谄媚，真诚而不刻薄，幽默而不低俗，博学而不卖弄。这样的人就是真正意义上的心性成熟。

完整人格的形成，需要先天和后天的条件

成熟完整的心性如同珍贵矿石一般是需要日积月累才能形成的，需要很多机缘共同发生。比如琥珀的形成就需要松树的油脂，而且要气温足够热来让油脂分泌，还需要有小昆虫、地壳的变化、足够长的时间等因素，少了任何一个因素都不行。

完整人格的形成也是如此，需要先天和后天的条件。拥有完整人格的人通常都有一个相对健康快乐的童年：父母的感情不算太差，家庭中有习惯表达爱和关心的氛围，在成长过程中也没有遭遇过太严重的创伤性事件来破坏自我价值感（例如：被寄养、被侮辱、被性侵犯等），还需要后天不断地修炼自己的心性，对自我内在的成长重视且精进。

如果先天条件不足，就需要靠后天的成长和学习来改变这个格局。如果后天的成长足够快速，那么甚至可以把童年的负面经验变成某种资源和天赋发挥出来。

如果你的伴侣心性不够成熟，很多事情都不能符合你的期待，你最不应该做的就是责备对方。因为改变是需要力量的，责备除了会让对方觉得愤怒和愧疚之外就是会有深深的无力感，无力感一旦出现，自我改变的力量就完全丧失掉了。

支持对方最好的方式就是缺什么补什么。对方的自我价值感低、自信不足，就多欣赏、肯定、感激；对方缺乏安全感，就多表达“我有多么需要你”“你对我有多么的重要”；对方缺乏力量和勇气，就多给对方一点空间和耐心、鼓励和看到……

这个支持的过程当然会有挑战和困难，最大的挑战就是要克服内在那个“凭什么是我”的声音，很多人会卡在“凭什么要我来做这些，凭什么他不能来做”这个想法中。

其实很多人对我说这个“凭什么”时，我通常的回答就是，不凭什么，就凭你生活中所发生的一切，无论是甜蜜幸福还是纷争痛苦，最后要承担的都是你自己。所以你并不是为别人做的，你是为自己做的。

如果对旁边的这个人你已经没有意愿给出滋养和支持，那么你还有一个选择就是离开这段关系。当然，在下一段关系中你可能还是会遇到类似的问题，需要面临类似的选择，如果面对这种局面时你变成了习惯性地选择离开，那么最后体会到深深的失望感和孤独感就是必然会发生的事。

如果你说，我还没有力量选择离开现在的生活状态，进入全新未知的生活，但我也没有意愿去滋养支持对方，还有别的方法吗？那你要学习的就是放下期待，自我满足。同时要学会在放下期待的过程中一定要避免变成压抑期待，把“心死”当作“平静”。关于这个部分，后面会更为详细地谈谈。

另外还有一种情况，就是你说，我对身边的人没有什么期待，我不要求他们为我做任何事，我只希望他们不要来控制我、指责我。

事实上，希望对方做什么和希望对方不做什么都是一种期待，只是我们通常会认为后者似乎更为合理，而且会认为这是一个很低的要求。

如何面对指责，取决于你的选择

世界上所有的行为只有两个目的——表达爱或索取爱。无论你或你身边的人在做什么、说什么，看起来多么过分、多么不可理喻，归其根本，这里面的动机不是在给予爱，就是在索取爱。

而根据量子纠缠原理和关系的互动叠加法则，一旦一个人 A 开始表达爱，另外一方 B 也开始表达爱，B 给予越多，A 也开始给予更多，因此进入给予爱的正向循环。

反之则进入索取爱的负向循环，A 索取，B 就索取，然后 A 索取更多，B 就索取更多，周而复始。直到其中有个人开始成长，找回智慧，不再参与这个游戏。

关系里所有让你感到难受痛苦的原因只有两个，并且它们常常同时发生：对方向你索取爱，但你不愿意给；或者你向对方索取爱，对方不愿意给。

爱的表现形式有很多，例如：理解、陪伴、肯定、欣赏、关心、赞美、信任、支持……

索取爱的表现形式有：抱怨、讽刺、辩解、指责、讨好、批评、控诉……

不愿意给的理由归根结底就两种：

我认为不够，给不出来，我期待对方给我。内心的声音大致是这样的：凭什么要我给他爱啊？我觉得我还没有被爱呢，为什么他不给我呢？应该他给才对。

对对方有评判，不想给。内心的声音大致是这样的：我看这人不顺眼（我就是看不惯他这样的行为），我不想给他爱。我就不让你如愿以偿，我要让你知道你这样是错的。

这里的爱是一个大范畴的统称，大家可以自行代入你目前的个人主题，例如：

凭什么要我给他理解啊？我觉得我还没被理解呢！

有读者留言说，他的妈妈常常指责他的话是：你这也不会，那也不会，你看你有什么用。我的脸都被你丢光了。

这种指责就是典型的对爱的索取。这个妈妈内在自我价值感很低，力量不足从而产生很多恐惧，这种恐惧演变成对未来的焦虑、对他人眼光的敏感自卑，最后这份恐惧就变成对旁人的索取，表达出来大概就是：

> 我其实很软弱，很多不确定的事情都会刺激我，让我焦虑慌张，我很需要安全感，而你表现的稳定、可靠、完美会带给我安全感，我很需要你为我做这些。并且我不想让你知道我是胆怯、恐惧的，我通过愤怒和责备的方式来掩饰我的软弱，因为至少责备会让我看起来比较强大。

攻击是一种愤怒的能量，愤怒是一种次生情绪，是为了掩饰内心底层更为细微的情绪，例如尴尬、无力感、委屈、慌张、焦虑等感受。通常这些感受当事人都不喜欢，也不想面对，更不愿意表达，他们会把这个情绪演变成愤怒释放出来，甚至连他们自己都没有意识到那些更早的细微情绪的存在和那个演变的过程。

给大家讲一个我和我先生的故事。好几年前的一个夏天，很热，他出差了几天。结果他走的第二天家里空调就坏了，我给他打电话，问他，空调坏了，我是直接打电话叫人来修还是等你回来看看。他说我明天下午就回，你们今天就在另一个房间睡，我回来看看是怎么回事。我说好。

他回家之后休整了一下，就搬了个梯子去弄空调了，奋力捣鼓了几十分钟，满身是汗，结果空调依然没有任何反应。他越弄越烦躁，最后彻底放弃，从梯子上爬下来。我问他怎么样，弄好了吗？

他皱着眉劈头盖脸对我说："我在家天天用空调都没坏，怎么我刚走，你就把空调搞坏了！"

我一听就爆了，又委屈又生气，心想，这么说太过分了吧，空调正好这个时间段坏了，只不过我碰上了，关我什么事！

我张了张嘴刚想反驳，突然看到他满头的汗珠，过去上课成长这么多年所带来的改变在这一刻又发挥了作用，在我还没有做出反应之前，瞬间有一个清明的觉察闪现出来：我意识到这一刻先生攻击的并不是我，他因为修不好空调而体验到了强烈的挫败和无能感，而这种感觉他并不想面对，也不喜欢这个修不好空调的无能的自己，所以他把这种感觉用指责掩饰过之后丢出来给我，因为指责使自己至少看上去比较有力量。

那一刻这个内在的过程我看得清清楚楚，就像上帝俯瞰人间一样了然分明。我知道，他的愤怒其实和我无关，并且他这一刻需要的是理解和安慰。当看明白这些时，我的愤怒瞬间就散去了。

虽然我写出来是很长一段，但是当时这个过程就一二秒。

所以当他气势汹汹地对我说："我在家天天用空调都没坏，怎么我刚走，你就把空调搞坏了！"我呆呆愣愣地看着他两秒（这个过程内心在快速地觉察和转化），然后"扑哧"一声就笑了出来，我抬手擦了擦他额头上的汗说，你又不是蓝翔技校毕业的，空调弄不好就算了，你有那么多地方都那么厉害，不用把时间花在这种小事上，一会儿我们打电话找真正的技工师傅来修。你赶紧喝点水休息下。

那一刻我感觉到，刚才被用来掩饰的愤怒撑得鼓鼓的硬邦邦的先生好像突然漏了气一样，瞬间就变得柔软了，然后他的觉察也回来了，他很快意识到自己刚才的模式，说：“对不起，我刚才修得不顺利，自己很烦躁，把气撒到你身上了。”

我说，我知道，没关系，刚才有一下下不舒服，但我知道你不是针对我的。

然后我们就来了一个大大的拥抱和亲吻（此处省略一千字肉麻情节）……

因为有一个人开始改变自己的自动化反应，快速地把觉察带进来，本来险些变成一场“战争”的情节就变成一个让彼此更加亲密和真实的甜美故事。

试想一下，如果那一刻我丧失了自己的觉知，任由自己的自动化反应发生会怎么样？

他对我说：“我在家天天用空调都没坏，怎么我刚走，你就把空调搞坏了！”

我说：“你有毛病吧，这种事儿能怪我吗？你有本事不也没把空调修好吗？”（狠狠一戳，正中靶心）

他被戳中了正想掩饰的部分，更生气了：“我跟你说过多少次了，电器插头用完要拔掉，你就是不改，你要不这样空调能坏吗？我出差累得半死，回来都没休息一下就修空调，你什么态度！”（控诉）

我看他翻旧账更生气了：“又不是我要你修的，是你自己说不用打电话，自己爱逞能怪谁啊！”（再狠狠一戳）

……

有没有觉得这段对话很熟悉很亲切？

好，我就不继续演绎下去了，因为如果继续这么吵下去，可以把三个月前的事情、半年前的事情、五年前的事情都扯出来。还会把孩子，把你妈、你姐、你哥……这些有的没的都扯出来。

所有那些吵架吵得天翻地覆的人，到最后你问他，你们当时是因为什么事情开始的？绝大多数人都会回答不记得了。因为吵的根本就不是那个事儿，吵的是态度，吵的是自己内心没有被满足又无法真实表达的对爱的渴求。

所以面对这种类型的指责时，你要做的就是洞察对方这一刻想要的是什么，给出对方需要的理解、感激、支持就行了。

分享几个上过课程之后学员们在面对指责时的反应，真是机智得令人拍手叫绝：

你是不是就是觉得我不好／嫌弃我／我很蠢：

这从不是我的本意。但还是很抱歉，让你产生这样的感觉，我会好好反省的。

都是你惹我生气，我每天不开心都是你害的：

对不起，惹你生气了。不过我每天开心都是因为有你啊！

你是不是就觉得你最有本事、最聪明、最好啊：

我确实觉得我很聪明、很好，而且就是因为我够聪明、够好，我才会选你做我老婆／老公啊！

你能想象他们的家人听到这些回应时脸上蒙圈的表情吗？本来心

里还准备了一百句指责，突然就活活噎住，用出不来了——完全不按牌理出牌啊！

无论你能不能给得出那份爱，都要明白一个前提，他的指责本质上与你无关。但如果你内心的钩子比较多，很容易被别人钩到，哪怕不是指责，只是无心的一句话都可能让你上赶着不屈不挠地把自己的钩子挂上去。

对方的指责和你的感受本质上也没有任何关系，都取决于你做怎样的选择。而自由选择的力量就在你内心深处！

你获得的爱，取决于你感受爱的能力

我收到学员或读者提问次数最多的问题之一就是——“他/她到底是不是真的爱我？”

我想告诉大家一个秘密：无论你感受到被爱还是不被爱，其实选择权一直都在你身上。

你自身的能量越高，你感受到爱的能力就越强。反之，你能量越低，即使你周围的人都在关心你、帮助你，你可能依然感受不到爱。

有意思的地方就在这里。当我们处于这种境况时，一方面我们常常回避迎面而来的爱，另一方面我们又到处索取爱，甚至抱怨身边的人不关心自己、不爱自己。

我记得在很多年之前，那时我的公司初创一年多，连员工带老板一共只有几个人，每个人都身兼数职，作为创始人的我自然也不例外，每天都非常忙，压力也很大。有一次我和搭档开会时一直在咳嗽，她很紧张，关切地提醒我，要注意休息、注意身体。

而我记得很清楚，当时我丝毫没有感受到这是对我的关爱，我当时只觉得我是公司的核心讲师，如果我病了，那么对公司的业绩和运营会有很大的影响，她对我的关心不如说是对公司“产品”的关心。

可是很多年之后，我已经成长得内心越来越强大，内在的自我价值感也越来越高，这时的我对周围关系的感知和过去的我是截然不同的。我常常能感觉到周围人对我的爱，甚至不仅是人，我能从动物、植物甚至整个世界体验到它们对我的爱。哪怕是一些很小的事我都会体验到很浓烈的爱，随之而来的是满满的感激和幸福感。

比如一次在公司开会结束之后，大家都离开会议室，我还留在位置上处理手头的事情，一会儿搭档拉门进来，给我送来一杯香气四溢的咖啡。我顿时觉得特别幸福，对她说，哇，太棒了！你怎么这么好呀，谢谢你！她笑着说，不是我给你煮的，你老公正好在隔壁，是他帮你煮的，我只是帮忙带进来。我听了立刻有种幸福翻倍的感觉，说，哇！这杯咖啡可是两个人对我的爱呀，我怎么这么幸运呢！然后搭档掩着嘴笑着出去了，我一个人美滋滋地边喝咖啡边工作。

同样的人给我关心，但是当我的心境不同时，感受也截然不同，和那个人做的事并没有太大的关系。

一次，我和十年不见的老同学大兵见面，他正苦闷于他和女友之间的关系。大兵很喜欢那女孩，根据他的描述，那个女孩聪明、能干、识大体、家境殷实、漂亮而且有品位，大兵能感觉到她是喜欢他的，他们约会时常常能在一起聊到深夜还兴致盎然。在最初的那段时间，他们无论工作多忙都愿意每周抽时间出来见几次面。可现在，却不知怎么让这段关系几乎走到了绝境。他们常常莫名其妙地吵架。而且每次争吵的起因都微不足道得可笑。

其中一个他们发生冲突的故事是这样的。那女孩的手机坏了，大兵想买部新的送她，但又觉得关系才刚刚开始，女孩的性格又很独立，一开始送这么贵的礼物怕有些唐突，而我这朋友也是个纠结敏感的高手，经过一番快速的思想斗争之后，他就在微信里说：“那我把我这部先送给你用吧，我这部用得不多，反正还有一个也在同时用。”他心里想得挺好——这样既显得很亲密，又不会让人感觉送了很贵的礼物而不合时宜。结果未曾想到，那边过了大半天都没回话，正纳闷着，对方回了一句：“你是不是觉得我就应该用二手的东西？”哇，这一下五雷轰顶，头晕目眩，这哪儿跟哪儿啊。于是大兵赶紧解释，结果越描越黑，反正这事儿到最后也没彻底说明白，而且大兵说，不知怎么，觉得好像就有一种解释不明白的感觉。

听到这个故事，我心想，这女孩到底经历了些什么，如此不相信自己可以被爱？

后来，大兵告诉我这女孩曾有过一段不愿回首的过去。她曾和一个香港人交往过，后来才知道那个人是有妇之夫，她正在痛苦地考虑要不要分手时，发现自己怀了那个人的孩子。最后是她自己一个人在香港的一家医院里把孩子生了下来。一个人！中间曲折的情节太多，即使这么三言两语地描述这狗血的故事，依然能感觉到她当时多么的无望和悲凉。所以虽然从照片看上去她还非常年轻，却不料想她还有个 3 岁大的儿子，是个单亲妈妈。

我这才知道，为什么这女孩儿会对“二手”的东西这么敏感。

我不禁很同情我这老同学，爱上这样的女孩，要给出多少爱，才能让对方感觉到自己其实是被爱的呢？恐怕结果是，无论大兵给多少，只要对方没有准备好被爱都没用。因为当一个人不相信自己值得被爱时，不管别人怎么做，他总有办法证明你不爱我。更何况，大兵也不是无条件提供爱的永动机，他敏感，瞻前顾后，患得患失，硬伤也不少，所以，这场恋爱注定是一次彼此提供教材的学习机会，然后各自缅怀对方的一段经历。

而 M 最近的困惑是，当一个男人跟一个漂亮女人在一起时，我们如何分辨这个男人到底是想跟她做爱，还是想跟她做饭？

M 就是个漂亮女人，不仅面容姣好，而且身材凹凸有致、气质出众，走在路上回头率超高，男人和女人都会看她。

有个男人从见到M没多久就开始追她，但和以往追M的那些人不同，这个男人几乎满足了M对男人所有的幻想：情商高，学识广，身上有淡淡的香皂味儿，手指干净而温柔。反正M在讲起这个男人时常常眉飞色舞，由此可以断定她真的很喜欢这个人。

他们刚刚在一起的那段时间，M几次在止不住笑意地谈起他们的故事时，神情会突然暗淡下来："我们真的会一直这样好下去吗？我觉得好不真实。""他会永远爱我吗？"

现在她的恋情已经持续 年多了，关于M的先生是否真的爱她，她已经没有最初那样的担心，这男人真的对她无微不至。爱吗？她越来越肯定，但现在新的问题来了，她有些惶恐，这男人到底是爱她的身体还是爱她的灵魂。那个毫无征兆的念头会突然冒出来夺走当下所有的甜蜜和幸福："如果有一天我老了，丑了，他还会爱我吗？"

所以即使是这么美的M，当爱情真的到来时，她也没办法享受它。

可真的分辨得出来吗？他到底爱的是你的身体还是灵魂，或者说为什么这个问题对你如此重要？

你如何看待自己，决定了你可以感受到多少爱

几乎每个人身边都有一对相爱相杀的恋人，轰轰烈烈，肝肠寸断，上一秒变成生死仇人，下一秒又和好如初，然后隔个十天半个月就再来一轮。旁边的人看得都累了，但就是要这样恩怨纠葛地过下去，仿佛不这样，就不是爱情，就不够全力以赴！

其实把亲密关系搞成这样，哪里是爱情，不过是小我自我怀疑和自我证明的分裂游戏而已，每个人在内心深处都渴望被无条件地爱着——无论我贫穷或富有，无论我年轻或老了，健康或疾病……不因为我拥有什么，或者我的成就，而只是因为我的存在本身，都有个人可以一如既

往地爱我。

被爱是人类心底最深的渴望，但当我们不相信自己值得被爱时，我们会用一些方式去换取爱。

我做过的婚姻咨询个案中，有很多典型的夫妻模式，丈夫非常努力地工作赚钱，不断给自己定更高的事业目标，每天工作压力都很大，回到家已经累得不想动了，而妻子想跟丈夫说说话，丈夫却提不起劲，妻子感受不到爱，跟丈夫抱怨，而丈夫觉得非常委屈和愤怒："我这么辛苦，在外面累得要死，还要对别人点头哈腰，这都是为了谁，还不是为了你，为了咱们这个家！你竟然还觉得我不爱你，付出得不够！"妻子更委屈："我不需要你赚那么多钱，我只想你多陪陪我。"

但丈夫是听不到这些的，他已经变成强迫性重复了，无法停止努力赚钱的节奏。因为在潜意识里他会认为，那就是我可以获得爱的有效筹码，如果我停下来，不去赚钱，我就什么都不是了。

到了这种时候，出轨或离婚的发生就再正常不过了。关系里的两个人都觉得自己为这段关系付出很多、牺牲很多，但却越来越疲惫，没有感受到爱的滋养。

爱不是努力换来的，一旦开始努力去取悦、讨好对方而压抑、牺牲自己，爱就消失了。

在世界上不同的国家有两种截然不同的司法定罪系统。无罪原则和有罪原则。无罪原则就是当抓到犯罪嫌疑人时，先假设对方是无罪的，那么原告方需要举证证明对方有罪，没有充分合理的证据证明对方有罪，就无罪释放。有罪原则就是假设犯罪嫌疑人有罪，嫌疑人必须自己找出证据证明自己无罪，你找不到充分合理的证据证明自己无罪，就认定你是有罪的。

在关系中你的假设前提是什么呢？是假设自己值得被爱还是不值得被爱？可是在一段关系中，原告和被告都是你自己，你相信什么就会在那里找什么证据。

多少男人穷的时候觉得“没人爱我是因为我太穷了”，结果奋斗拼搏赚到了钱，终于有人爱了，心里又犯嘀咕了，“她到底是爱我的人还是爱我的钱”。这就跟M小姐“他是想跟我做爱还是做饭”的困惑一样，那只是一个无法相信爱、试图找到反证来自我实现的伪命题。

在别人眼里自己看起来是什么样子其实一点儿都不重要，因为终究是我们如何看待自己，决定了自己可以感受到多少爱。如果感受爱的能力没有建立起来，对方给出多少都意义不大。

无论是自我证明，还是让别人来证明，都是一种愚蠢且注定会失败的举动。就像要让别人证明爱你一样，一旦你需要这么做时，就意味着你认为自己很可能是不值得被爱的。

当我们无法爱自己时，我们就会以己度人，因为自己觉得自己不够可爱，所以推测别人也会觉得自己不可爱。

学会爱自己，才能把自己内在的黑洞补上

不止一个朋友跟我谈过这样的内容，他们的伴侣对他们说“我爱你”时，如果他们回答“是的，我也很爱你”，彼此的能量就都会很高，亲密连接。但如果问“你爱我什么呢”，然后得到一些答案：我爱你的温柔、能干、懂事、漂亮、身材好……可是有个很奇怪的感觉，不管对方回答什么，似乎都不好。

悖论就在这里，你说我不相信这个世界上有无条件的爱，爱都是有条件的。于是你拿出一百万元对一个人说，我给你一百万你来爱我，最后无论对方给的是不是真爱，你都会觉得这爱得到得好没劲，因为你早已在一开始就把它变成了一场交易。

只不过我们用来交易的筹码不同而已，通常女人用的筹码是可爱、

性感、漂亮，隐忍、克制、懂奉献，萌傻楚楚惹人怜；男人通常用的筹码是，成功、会赚钱，负责任、懂担当；还有些很多共同的筹码品种：能干、大气、有涵养，善解人意、学识广……

有些人使用的筹码显而易见，有些人使用的筹码更隐蔽一些。

这些筹码都是在过去的岁月中努力争取来的，当我们获得这些筹码时，暂时会觉得自己有资本，可以得到爱了。可你内心深处还是知道的，筹码终究是筹码，那不是你。

当我们把真正的自我遗失时，就努力用一堆筹码拼出个自我形象，并且非常在意这个自我形象。没有爱的时候，我们就挣更多的筹码来武装这个自我形象，但真的有人爱你的时候，你会感觉自己就像个冒牌货，对得到的爱诚惶诚恐，非得找到点证据来证明这个爱不完整不真实才稍微心安点。

这就是你看到那么多看起来应该幸福的人却没办法幸福的原因。

你见过小宝宝吗？他从不觉得自己需要变成某个样子来获取爱，他只是做自己，全然地相信每个人都爱她。如果你把小婴儿抛到空中，他会咯咯地笑起来，他相信自己是被爱的。所以没有人会拒绝宝宝，每个人都喜欢小婴儿，喜欢靠近他们。

成年人的世界当然更复杂，我们有机会体验的东西更多，所以成功没什么不好，学识、美丽……这些东西就和钱一样，本身没有问题，但你需要学习的是让这些东西为自己服务，而不是让自己为这些东西所累。如果你始终没有学会如何感知爱、相信爱，你只会更没安全感，然后把那些筹码抓得更紧，结果本来真正的你比你的筹码要有魅力一千倍，你却没机会看到。

任何事情如果无法停下来，就变成了瘾，我们有坚强瘾、独立瘾、付出瘾、优秀瘾、工作瘾、懂事瘾，我们上瘾的事情越多就越不自由，就会陷在这些瘾头当中看不清真正的自己，离真正的自我越远，内心的黑洞就越大。这个黑洞会不断地吞噬爱，多少爱都无法填满它。

所以没什么比学会被爱、学会找回自己更重要了。爱自己，才能把自己内在的那个黑洞补上。

如果你喜欢为他人付出，那就好好享受为他人付出的过程，而不是自我强迫和牺牲，想做就去做，不想做时能毫无愧疚地停下来。你可以享受你的美丽，也可以接纳自己的丑陋邋遢。如果你善于感知别人的心情，那就好好享受这个天赋带来的乐趣，同时也可以不恐惧表达自己的需要或拒绝别人。你想体验优秀的感觉，就享受专注工作和它带来的成就感，同时也能乐享自己偶尔的平庸……

在这些不同的体验中观察自己，突破自己的边界，探索自己的天赋和局限。对自己充满好奇，让你的每一个选择、所做的一切都为自己服务，而不是去迎合他人。然后你会发现，爱从来就是不需要努力争取的东西。

第五章

你只会成为你相信的样子

决定事情结果的
不是事情本身，
甚至不是做事的方法，
而是做这个事的人的
能量状态。

改变人生就是改变能量

很多熟悉我的人常常惊叹我怎么可以同时处理那么多事，经营公司、讲课、写书、照顾孩子，同时还有时间跑步、做瑜伽、攀岩、旅行、画画……这么高效是如何做到的？

而我的秘诀就是——时刻保持在高能量状态！

什么是高能量状态？不同的情绪都有相应不同的能量等级。当一个人处于焦虑、烦躁、自责、忌妒等低能量状态时，他的工作效率、创造力和学习力是非常有限的。这时，即使他知道有一项待完成的工作需要马上完成，或者有些书需要看，也会无心去做这些事。即便捧起书来看，也会感觉完全看不进去。相反，能量状态越高，就有越多的创造力和灵感。

做事的人的能量状态决定事情的结果

你一定注意到了，同样的事情，不同的人去做结果会完全不同。意思差不多的话，由不同的人来说感觉完全不一样。

决定事情结果的不是事情本身，甚至不是做事的方法，而是做这个事的人的能量状态。

能量状态取决于在做这个事情过程中是基于享受还是责任。做事情的人的动机不同，周围人的感受也会完全不同。

都是妈妈为家里做饭，每个妈妈都爱自己的家人，希望把爱给到家人，但这份爱却不是每个人都能收到。

例如，妈妈A在做饭时，要证明自己是个好妈妈好主妇，是基于责任和角色在做饭，觉得自己就应该把家事操持好。这个妈妈A可能每天都尽心尽力地做饭洗衣照顾家人，但因为妈妈A在做这些时一点儿也不享受，而且充满了付出感，对家人有很多的期待，所以当期待落空时，就会有指责或抱怨："我就是你们的保姆，伺候小的还要伺候大的！""辛辛苦苦给你做的饭，你就挑两筷子不吃了。"结果，事情做了很多，但家人的感受却并不好。

这样的妈妈A只是在成长过程中接受的信念系统认为，一个女人的价值来自她要成为一个好妈妈、一个贤妻良母，要尽责地照顾家人的衣食起居。她们相信：我不能做不到，即使我很累，即使我不开心，即使我不愿意，我也不能做不到。我必须完成，不管我愿不愿意我都必须完成！

妈妈A并不能享受做饭本身，也不享受擦地板的过程，也许她会付出很多努力让家里整洁，但那并不是为了愉悦自己或他人，而是为了完成自我设定的某种生活规条。因为家里必须时刻保持整洁卫生，好妈妈必须雷打不动地为孩子做好一日三餐……各种各样存留在潜意识中的规条不断地自我鞭挞、自我强迫。所以在做这些事情时她很难享受过程，常年带着满满的牺牲感，每付出多一分都会积累更多的期待，加倍渴望关系中的客体对象能给自己更多回报。她们期待的回报形式各有不同，可能是肯定、听话、理解、认可、关怀……无论这份期待在自己看来有多么合理，最后的失望都是必然的。自己不为自己的感受负责，却期待旁人来让自己开心快乐，这是永远无法实现的，他人既没有能力也没有义务去为你的感受负责，所以这份期待的落空是注定的。

另一个妈妈 B 可能也会给家人做饭，而她可以享受做饭的过程。妈妈 B 不会在这件事上附加太多其他的东西，不会希望通过做饭这事情来得到家人对自己的价值肯定，更不会用自己为家人的付出来控制别人或证明自己，所以她可以放松而投入地对待做饭这件事，累了不想太麻烦，就简单弄点馒头面条，如果没心情做就不做。自然也就没有任何抱怨，无论是吃饭的还是做饭的，每个人都很放松，也很享受。

这两个妈妈虽然都在做同样的事情，但自己的能量状态不同，所以做事的过程和结果天差地别。

能量状态就是我们在事情过程中的起心动念。能量对了，做什么事都是对的；能量不对，做对的事情也是错的。就像佛家说心念一动即因果。

在我内在成长的这数年中，几乎每年我的能量等级都会有个飞跃。当我能长时间保持在爱、喜悦、平和这个能量区间时，我可以极其高效地完成工作，并能够轻易地明确我想要的目标。而且当我处于这种状态时，我的时间感会有很大不同。记得 30 岁之前，每到过年的时候就会感慨："哎呀，又过了一年。时间怎么过得这么快！"甚至每到春节前后都会产生焦虑的感觉。但是当我的能量等级来到比较高的阶段后，会有完全不同的时间感，在闲聊中有时我会说"去年从台湾回来以后……"，然后旁边的人提醒我不是去年，是今年三月去的，我才想起来距离我从那里回来不过只有三个多月的时间，而我却感觉过了好久。因为在这期间又发生了很多事，有了很多的成果，自己又有了很大的改变，整个人格又有了一次彻底的更新。当处于这种状态时，好像整个世界的时间都变慢了，而我却可以快速移动。尤其是 33 岁以后，这种感觉就更为强烈了。这种感觉有点儿像《X 战警》里的快银一样，可以在几秒的时间从房子里救出几十个人，吃比萨，梳头……

霍金说“时间是一个幻觉”，爱因斯坦说“时间是相对的”。时间从来不是一个常量，时间是变量。只有当你不断超越过去的自己来到全新的层面时，你才会真切地体验到它究竟是如何发生的。

你处于怎样的状态就会吸引与之相匹配的事物

这个世界的万事万物都是彼此联系的，并且这种联系是即时而持续的，你想创造的结果和你创造结果的行动之间并没有必然的联系，真正会创造出你想要的结果的是你在这个过程中保持的愉悦自在的情绪；只有好的感觉才可能带来好的结果，否则就不是真正的创造，充其量只能算是置换能量，消耗某些生命领域的能量来换取另外领域的结果。那些在过程中充满疲惫和压力的人，也许取得了事业的成功，赚了很多钱，但却消耗了健康，换回一身的病痛，或者消耗了关系，家人间要么冷漠如路人，要么厮杀如敌人。所以最后就算通过努力奋斗取得了某些成就，却并没有获得内心的喜悦和安宁。这些人比比皆是，也许就在你身边，也许就是你自己。

真正的创造始终是在自己高能量和好感觉的基础之上，否则你得到的所有的东西，都会以丧失掉另外更为宝贵的东西作为交换。

《无量之网》这本书的作者格雷格·布雷登在书里这样描述：作为可见世界的一部分，我们参与到了一场与自我、世界及其之外的一切的旷日持久的量子对话之中。正是这种宇宙性的交流，将我们每一刻的感受、情绪、祈祷和信念传达给了宇宙。从我们身体的活力到世界的和平都是宇宙给我们的回应。

宇宙中连接一切的能量，也是被连接事物的一部分。量子物理的实验告诉我们，不要以为这个场与我们的现实生活无关，这个看似平凡的可见世界，事实上正是源自这个场：无量之网就如同一张毯子，平滑地铺展在整个宇宙中。其中的每一样事物——为我们所知的，一块岩石、一棵树、一颗星球或一个人——都是它在这里或那里的“褶皱”。所有的事物都是这个场里的涟漪。而和这张网对话，启动无量之网力量的关键就是——我们的情绪。

吸引力法则反复谈论的也是这个部分，你处于怎样的状态，你就会吸引与之相匹配的事物来到你身边。

每一个起心动念和不同的情绪都是一种能量，乔·迪斯本札医生在《未来预演》这本书里也谈到，我们的情绪和念头就如同发射到宇宙量子场的电磁波，不同的情绪及念头都携带着某种特定的频率，当我们处于某种频率时，也会接受相同能量频率的人、事、物来到我们生活中。这有点像收音机，把收音频率调整到什么频段就会接收到什么频段的节目。不同的是，人体这个“收音机”还是个电台，可以接收不同频段的信号，还可以发射不同频段的电波。

而当我们处于不同的能量频段去说话或者做事时，事实上是把这种能量放大了，就好像在我们这个收音机上增加了一个扩大器。

所以我常常提醒大家不要在情绪最低的时候做决定、给反应。其实这个原理非常简单，我们在低能量状态时一定是说低能量的话：攻击性语言、指责、自怜自哀、挖苦讽刺，等等；或者是做低能量的行为，决定分手、某种报复性的决策、摔东西、使用武力、吼人，等等。

而我们所有的行动或语言都是某种施加在外部的作用力，最后这种作用力都会回复给我们自己。很多儒家和佛学经典里规劝人们行好事、说好话、存好心，正是这个道理。

从科学层面来解释，我们所知的经典物理学中的牛顿定律，当我们施加给某个物体作用力，那么同时也会得到一个方向相反的力量相等的反作用力。就比如我们用手去拍桌子，那么我们的手就会感觉到疼，而且疼痛感和我们施加的作用力成正比。

这就是三维世界的因果定律，一切因果都是同步发生的。在我们所体验到的四维世界中，还加入了时间这个变量。所以我们传递给世界的某种能量频率所造成的结果并不会即时、立刻反馈到自己身上，而是在未来的某个点呈现在我们的生活中。比如，你在亲密关系中如果每次吵架都会说“分手”或是“离婚”，虽然你并不是百分百想要离婚，只是在能量低、心情很糟糕的时候才这么说，但是这种低能量已经借由你的语言传递出去了，然后造成你的伴侣开始对这段关系没有安全感或是不信任，于是他（她）又会做一些低能量反应，比如责备你或者对你冷漠，这就是果。

只是这个作用力和反作用力并不是立刻发生的。因为有时间这个变量，所以因果中间会有一个时间差。就好像父母如果总是控制孩子，孩子肯定就会叛逆或者懦弱，区别只是这种结果是发生在十年或二十年之后。

我们往往只关注我们的行为，但行为不重要，重要的是行为背后的驱动能量。就像前面我们谈到两个做饭的妈妈一样。

我们的生活中没有什么纯粹偶然性的事件，一切发生的都是有因果的，每一件事都是一个巨大整体的一部分。只是我们智慧尚未达到时，无法看到所有事件的因果关系是如何跟我们自己的能量状态串联起来的，以及它们之间是如何关联的。

但即使看不清楚，也要对我们的起心动念、一言一行有觉知，不要纵容自己的负面情绪，对内在那些会降低你能量的念头有所警醒。

当你能长时间稳定在相对更高的能量频率时，很快你会看到生命中更为宽广和美好的画面在你的视野中展开。

冥想练习

检验你与自己是否和解

借人修己，借假修真。我们的头脑是会自我安慰的。你可能以为已经和自己和解了，也和父母和解了，但如何辨别是否真的与自己和解、与原生家庭和解了呢？

很简单，看看你对待身边的人的态度就知道了。我们不可能毫无理由地厌烦一个人，或者在清楚自己应该态度平和的时候，却忍不住失去耐心。在那一刻失去耐心烦躁，或者莫名其妙心生厌烦等情绪失控，本质上都是我们没能真正接纳自我的表现。

今天，让我们试着通过身边人来自我觉察：

当你乘坐地铁、等电梯、排队点餐时，有没有对身边的哪个陌生人看不顺眼？看到爸妈电话进来，有没有一丝迟疑，不想接听？听到上司的质问或提醒，有没有一腔委屈或是怒火，然后为自己据理力争？在这背后隐藏着怎样的评判，把它们标识出来，并写下觉察日记。

这就是我们检验是否与自己和解的第一步。

把昨天放下，你才可能来到今天

你现在已经知道，每个人都有无限可能，你自己当然也是如此。而如果你想要开创一个全新的未来，有一个重要的前提，那就是你自己的版本升级。你永远不可能用过去的自己创造一个新的未来。

对于每个人来说，未来事实上都是过去的延展。那么当你想要未来是全新的，事实上也代表你需要改变过去。

在前面我们讲过，所有一切我们经历过的事件都会影响到我们的人格，而我们的人格又会塑造出与之相匹配的经验来。既然你是“过去”所叠加出来的，那么要改变自己，就势必要改变“过去”。

历史是可以被改变的吗

当然，因为从来没有“唯一正确”的历史。每个人都以自己相信的角度解读历史。历史就是过去所发生的一个故事，故事中的每个当事人都有属于自己的版本。不管这个历史是一个人的历史，还是一个家庭，或者一个民族，乃至一个国家的历史，都是如此。

作为一个咨询师和导师，我常常有机会听我的学员或来访者讲述他们的故事，他们从未质疑过他们眼中的这个故事的真实性，而且在讲的时候常常情绪激昂。而我非常清楚，如果这个故事的其他当事人也有机会坐在这里，那么他们会讲出一个完全不同版本的故事。然而他们的共同点是，每个人都会非常执着地相信自己的那个版本是唯一正确的，并希望其他人也这么认为。

所以我在培养导师的过程中，常常提醒导师不要把客户的故事当真，听故事的这个过程对于咨询师甚至不是完全必要的，可能更多是给来访者一个释放情绪或者建立信任关系的作用。对于能量不够稳定的咨询师，常犯的错误就是听着听着就把来访者的故事当真了，会非常认同对方的处境并且引发出自己内在的相同情绪。有时候他们会在个案辅导反馈时跟我说“周梵，我觉得他真的好可怜啊”，我就觉得很好笑，脑中就会浮现出一个画面，一个人本来想把一个掉到沟里的人捞上来，结果捞着捞着，他自己也一起掉进去了。

其实改变过去这件事对人们来说并不算多么新鲜，几乎每个人在生命中都有过这种体验。曾经发生过一件你觉得是天大的事，感到强烈的痛苦、挫败、悲伤，而且没有从那件事中走出来，但几年后的某一天，你再回想起那件事，你可能会觉得挺好笑，或者觉得充满感激，甚至觉得幸好发生了一件那样的事自己才会有今天的际遇。

那是因为你观察那件事情的视角改变了。说得更准确一些，你内在的状态改变了，现在的那个“我”已经不是原来的那个“我”了。

因为“我”的版本升级了，所以所有和“我”有关的人和事都会随之相应升级。反之，当自己一直在原来的版本没有进步的时候，相同的一段有负面感受的经历，无论过了多少年，你对它感受还是相同的。就好像我们身边的一些人，会抱怨很多年前发生的事情，一直抱怨，同一个故事同一个版本可以讲很多很多年，从年轻讲到年老，甚至到临死之前都还耿耿于怀。这就是意味着他在发生那件事情到生命终结的几十年的生命中从来都没有升级过自己，一直停留在原来的低版本状态。

当你真的把昨天放下，你才可能来到今天

当我们要改变历史的时候，核心是改变我们对那个经验的感知，这种感知造成了属于我们个人生命的实像。而在这些感知中也包含了我们对那个事件中其他当事人的感知。

当我们说放下或宽恕时，其实就是学习从过去固有的某种负面感受的历史印记中摆脱出来，与其说你是原谅那个事件中的对方，不如说是原谅那个事件中的自己。

德云社的岳云鹏有段被采访的视频，那是一段关于被羞辱和被伤害的故事。这个胖乎乎的相声演员在采访视频里讲起他15岁时做服务员被顾客羞辱的那段经历时无法抑制地流下眼泪。

采访的内容大致是这样的：

岳云鹏：做服务员吧，啤酒写错了，包三包五，写错了，嗯，那个，就不愿意了，我说，我给你打个折，不行，骂我，各种污辱我。不行，我说，给您打一个五折，不行，我给您免单，352块钱我掏了……

主持人：就为那几块钱的啤酒……

岳云鹏：六块钱两瓶啤酒，六块钱，各种污辱我。

主持人：现在想到这件事时，心里浮现的是什么？

岳云鹏：我还是恨他，我还是恨他。

主持人：是伤害和气愤……

岳云鹏：我还是恨他，你都是个相声演员了，你挣得比原来多了，都上电视了，这么有深度的节目采访你，你应该说实话，你应该怎样怎样，你不应该恨他了，你应该感激他曾经怎么样，如果没有他你不会被开除，你不会认识郭德纲……我还

恨他！我特别恨他，到现在我还恨他。你凭什么？我都给你道歉了，什么好听的话都说了，你还这样……

主持人：你把他写进相声里边……

岳云鹏：没有……

主持人：为什么？

岳云鹏：我不敢想，我不想回忆这段，从那大哥买单一直到他走，有三个多小时跟我纠缠，各种污辱我，什么好话我都跟他说了，什么好话我都跟他说了，大爷大妈，那不光他一个人，一桌，五六个人，全听那一个人在说，没有一个人说下，你差不多得了……

每个人活到现在都经历过或大或小的被伤害的故事，也许还有些人在看这本书的时候正身在其中。这种被伤害的故事版本不尽相同，也许是情感上的背叛、被至亲的家人口出恶言的伤害、被好朋友欺骗、被信任的工作伙伴背叛，等等，但被辜负、被伤害甚至被羞辱等感受却是相似的。

无论这个故事是当下在发生的还是一段历史，我们都要明白很重要的一件事。很多人受到伤害时，都会理所当然地认为：任何人遇到我遇到的这个事儿都会和我有一样的感觉！这是一件坏事，对方是个怀着恶意的坏人。但事实上我们在一件事情中所体验到的感受都并不一定是客观的，而是取决于当时那个体验这件事的“我”的状态。

我们对所有发生在自己身边的事物的判断，都基于当时所处的意识状态。同样的一段经历，当我们不断成长扩充意识时，你能看到那段经历中不同的东西，一些过去的自己从来都看不到的东西。比如你能看到那个事情发生的过程勾出了自己内心深处隐藏的脆弱和自卑。

但问题就在于，只有你疗愈自己的脆弱和自卑时才能看到它，当你能够超越自己的恐惧和无力时才能看到别人的恐惧和无力。

这就是为什么通常那些真心感谢伤害过自己的人，都是已经涅槃重生的人生赢家，他们在这一路上通过学习和行动疗愈了自己的自卑和无力。只有当触碰到内在的力量感和更好的自己时，才能明白过去的那些受伤的经历，并不只是那个“坏人”带来的，自己曾经的脆弱和自卑也参与创造了那段被伤害的故事，故事中的那个“坏人”只不过是一个很敬业的演员，配合“我”演好这出戏码而已。如果没有这种带着痛感的提醒，也许就自我感觉良好地在那个阶段停滞下来，再无机会触碰到自己无限的潜力和可能性。所以从这个角度来说，我们真的要好好感谢曾经配合我们的那个投入的“演员”。

你只有真的把昨天放下，才可能来到今天，否则只是昨天的轮回而已。

有一部奥斯卡最佳动画长片叫《头脑特工队》，这是一部充满想象力同时又很有深度的动画电影，这里面有一个很容易被忽略的小片段，乐乐和忧忧跳上思想列车时，乐乐不小心打翻了两个箱子，箱子里掉出来的碎片一个是事实、一个是观点，乐乐说它们怎么看起来长得这么像。冰棒说，是啊，一直都是这样。

这个不显山不露水的隐喻把人们经常把自己的观点当作事实的习惯直截了当地展现出来。人们最大的障碍就是当情绪来袭时，不会意识到是我个人看待这件事的角度导致了我会有这种感受，而是觉得我的角度就是这个世界的普遍真理，而且可能甚至都意识不到有“我的角度”这件事的存在。

“不识庐山真面目，只缘身在此山中”，这就是那么多人都会陷在自己过去的某个被伤害的故事里不能释怀的原因，即使很多人很聪明，甚至在某些领域取得了巨大的成就，也会如此。因为，当我们站在自己习惯和熟悉的角度时，就会用这个角度来观察世界，来解释那些发生的事情，并且会吸引一些和自己视角维度差不多的人构成自己的人际圈，以至于当我们跟自己的闺蜜或者哥们儿吐槽发生在自己身上的那些糟糕的事情时，通常会得到他们同仇敌忾的反应。因为这是他们想到的唯一能帮得上忙的方式，也是因为他们观察事情的视角和你基本在同一个维度，所以看到的风景也大致差不多。除非你来到新的维度，你周围人的状态才可能升级。

这也是我们不太容易意识到自己的感受是一种纯主观性的体验的原因。

所有改变的前提都源于看到和接纳

每个人对世界的感受都是主观的，这感受来自“我”这个观察者的视角，“我”是个什么样的人，就会看到一个相对应的世界。

当我们觉得被伤害时是觉得自己无能，当我们觉得不公平时是觉得自己弱小匮乏。当我们有力量时，是不会觉得受伤的，因为压根儿就不会把那当作伤害；当确定自己强大富足时，就不会那么需要所谓的公平，因为多一点少一点都没关系，因为“我”有很多，即使现在没有以后也会有。只有觉得自己得来不易，拥有的很少时，才特别紧张地担心是不是被别人分去的太多了。

所有改变的前提都源于看到和接纳，当我们无法看到被伤害的故事中自己的脆弱面时，就无法真正超越这个部分。

那么自己如何才能成长到一个新的维度？最重要的就是先彻底明白并接纳现在的自己。所以与其说是原谅那个伤害过自己的人，不如说是原谅那个故事中被伤害的自己。

岳云鹏对 15 岁那个弱小无用的自己有着复杂的心情，和很多人一样，对过去受伤害的自己既有同情和怜悯，也有厌恶和痛恨，就是那种觉得自己怎么那么没用、恨铁不成钢的心情。这种心情如果换作在爱情中受伤的自己，就是觉得当时的自己怎么那么蠢那么贱。受伤的故事版本各有不同，但结构都是差不多的。

所以学着感谢那些伤害自己的人，本质上是学着原谅，原谅那个人，也接纳和那个人一起创造出的故事中的自己。

但在另外一个层面，我也很理解那些痛恨“鸡汤”的人。一个人的成长过程中，青少年阶段是最为迷茫和痛苦的。因为儿童期的视角非常简单纯粹，同时也是相对蒙昧的，成年之后有了更多的人生经历和见识后，对很多事情才会更加清晰和笃定。而青少年这个阶段，则是看到了很多，知道了很多道理，但却没有足够的力量按照自己认为的最佳状态行动，所以这个阶段就会有很大的愤怒——对于那些给自己讲道理的人的愤怒，而更大的愤怒却来自对自己的“知道却做不到”。

这就是韩寒曾经说的，“我们知道了很多道理，但却过不好这一生”。所以讨厌讲大道理的人的心声就是，“道理我都懂，但我就是做不到，所以这些大道理都是唬人的，少跟我扯这些看上去很美的鸡汤”。正是内心深处知道这些道理的方向是对的，想要这么去做，但当下的状况是，确实被卡住了，实在做不到。那个愤怒还在，悲伤也还在，不甘心也在，挫败感也在，统统都在。我知道我该感激，但是我就是感激不下去。

这是成长中必然会经历的一个尴尬的阶段，每个人都有，我也有过。我记得我刚刚开始身心灵成长的头两年，看了一些书，上了一些课程。当跟家里人发生争执时，我最不高兴的就是他们说，“你看看你，你还是上过课的，你还是成长过的，有什么用，还不是这样”，我就会真的很生气，我会奋力还击，结果自然就会更糟糕。

后来我才意识到，之所以那么生气，觉得很受伤、不被理解，最核心的原因就是在内心深处对那个阶段的自己很不满意，因为我也很生自己的气，觉得我已经学了这么久了，好几个月了、一年多了，怎么还是会掉到自己的情绪里，怎么还是会掉到“坑”里爬不出来。因为很不喜欢自己这种反反复复的状态，所以当家人戳中我这个点的时候，就会一点就炸。

如果没有持续、系统的成长，可能就会在同一个维度的视角待一辈子。如果来到地球上一趟，我们的灵魂相比来的时候都没有任何进化和扩张，去感受不一样的视角和体验，这真的很可惜。

如果你有过被伤害的经历，先别着急强迫自己放下，去原谅去感谢什么的，而是先感受一下在那个经验中的自己，好好地跟那个自己连接一下，甚至去抱抱那个自己，那个对自己失望的自己。当你彻底接纳自己历史中的无知、愚蠢、软弱、自卑、无能、倔强时，再回头看看，那个在戏码中陪你演戏的人，感觉似乎也已经不同了。这时，你会发现再去放下或原谅似乎不那么艰难了。

成长就是这样，通过身边的人和事来反映自己内在的状态，再通过和这些人和解，最后和自己不喜欢自己的部分和解，然后去触碰那个更好的自己。

一切都无关他人，只有自己，还是自己。

自爱力不仅仅是给这个时刻的自己，这份爱也可以超越时空，送给过去的自己。

人生那么长，停一下又何妨

——慧敏法师

背叛我离我而去的他
欺骗我携款逃跑的他
对我实在是过分的他

为了我
不是为了他，而是为了我
完完全全为了我

原谅他
绝不是因为他可爱
不是因为他可以原谅
不是因为觉得“他也是人……”

因为我要活下去
幸福快乐地活下去
忘掉他，过我想要的生活
因为我也拥有幸福的权利

原谅他
虽然绝不像说的那么简单
虽然总会感到委屈
虽然不适怒有心声
只考虑自己
对自己是不是好的

（接下页）

然后决定
就算是心不听从大脑的决定
姑且先决定
决定原谅，决定遗忘
连同，因嫌恶他而痛苦的自己
一同原谅

还要用身心努力祈祷
出声地努力祈祷
祈祷自己能够放手
祈祷自己能够遗忘
完全是为了我

做这些
在某一刻眼泪喷涌着
失神般挣扎着
像要离开人世一样痛哭一回
真的放下
那不是我放下了
而是耶稣和菩萨的爱与慈悲与我同在
把一切重新归于圆满
相信他们的爱与慈悲
如果现在有无法原谅的人
原谅他
为了我

你不会成为你想要的样子，你只会成为你相信的样子

爱自己的最高境界，就是真正明白，你是你的世界中的神。

你的世界所有你能感知到的事物都和你有关，你创造出了它们在你的世界中的样子。

当然，在你没有真正体证到这一点时，这只是一个概念，不可能真正在你的生命中呈现出来。但至少你先看到这样一个方向，并持续地行走，到达这里只是时间问题。而当你真正到达的时候，时间也不再是个问题了。

每个人都有一个属于自己的世界，因此根本不可能有一个“不变”的客观世界存在。因为世界是什么样子，需要有一个观察者去观察，而观察这个动作本身就已经是参与创造这个世界的过程了。

量子物理学的奠基人之一马克斯·普朗克说：“我们必须假设，在这股力量（即我们眼中的物质）的背后存在着一个有意识和智慧的心智。”这个智慧的心智，我们可以称之为宇宙意识。

我们对世界的观察创造出我们所感知的世界的样子，同样你对你自己的观察也创造出你自己现在的样子。说得直接点，你是如何观察你自己的，就会把你塑造成为什么样的人。

而你对你的原始观察的背景最初是你的养育者奠定的，在你出生后

的成长过程中养育你以及在所有和你互动的过程中，无意识地把他们对你的观察方式，以及他们观察到的你的形象植入你的内在意识中。

当然，他们如何观察他们的孩子也取决于他们对自己的认同方式。

如果父母有很多无力感或者自我怀疑、自我否认，他们就会无意识地把这种视角投射到孩子身上，很容易说出“你怎么这么没用”“真蠢”这样的话。

这些养育者日常生活中脱口而出的语言伤害长期积累下来，这种能量状态就会完全被孩子接受，并内化为他们观察自己的底色。

如果每一代人都没有觉醒，就会以同样的方式一代一代地轮回，传递相同的感觉，焦虑、恐惧、傲慢、渺小感、无力感、孤立感、被辜负、愧疚……

而最糟糕的是，他们会认为这些感受就是活在世界上本来就应该有的且无可避免的感受。

你完全相信且丝毫没有质疑的东西，它们就会变成你世界的真相。

当你想要离开或改变某些你不想要的生活领域时，无论是亲密关系、亲子关系方面的，还是金钱或者健康方面的，你必须先改变你自己。

改变自己就是改变那些我们习惯体验的感受

《无量之网》里多次谈到，和这个整体的宇宙意识（书里面称之为“量子场”）对话最关键的就是你的感受。你的感受会决定你的能量，而你不同的能量状态会吸引并创造出完全不同的可能性来到你的生命中。

其实《秘密》所谈到的吸引力法则的核心也是这个道理，但很多人都误解了这本书和电影里所谈到的向宇宙下订单这个部分，他们回去也学着去下订单，要自己想要的，但是很失望地发现，这些愿望并没有实现，因此他们认为吸引力法则并不存在。他们不了解的是，当你想要某样东西的时候，你的感受是“我没有”的匮乏感，匮乏感则会吸引匮乏。而你的感受是跟宇宙沟通的语言，还记得吗？

所以当我们想要重新“升级”自己，去重新塑造我们的生活时，第一步就是需要辨认出那些我们已经很熟悉的低能量的感受，并释放那种感受，让它离开。而最难的部分就在这里，某些感受一直跟随着你的父母，你所生活的群体意识中也认同这些，从你记事起这种感受一直伴随着你。因为太过熟悉，它们甚至已经成为你生命中的一部分，以至于你很难辨认出它们的存在，更不要说和它们分开了。

有觉知地通过你对各种事情的反应来观察自己，是一个非常有效的途径。每一个你做出的反应都带着一些你意识到或没有意识到的感受，每一种感受都反映出你是如何看待这个世界，以及如何认同你自己的。你每找到的一个线索都是一片碎片，最后你就能慢慢拼凑出一张完整的地图，彻底地了解自己是如何以过去的状态创造出现在的生活的。

那么你改变那种模式的时机也就来临了。

很多年前，有一次我去一个工作坊，那个流派叫作“知见心理学”，最早是美国的恰克博士创立的，这个流派的工作坊有个传统，老师每天都会通过名牌来抽取 1~2 个同学来做现场个案，同时在课程中所有包括助教、音控等工作人员的名牌也会放进去一起被抽取。结果我去的第一天，老师接连两次抽到的个案都是当时课程组织方的工作人员，而且还是同一个人。当时我就举手站起来，“老师，我觉得不公平。我认为应该把她，”我指着那个工作人员说“把她的名字从抽签盒里拿掉，如果能把所有的工作人员都拿掉当然更好。”

老师问：“为什么？”我说：“我们这个课程有六七十个人，这个课程只有三天，每天被抽到个案的机会本来就很有限，可如果每次都抽到工作人员，对我们这些交了几千块钱学费的学员来说太不公平了，因为每个人都希望自己的问题可以有被关注的机会。”

老师没有被我这套看似合理的逻辑唬住，直接问我，你现在有什么感受？

“我，”我当时被噎住了，我只顾着义正词严地讲我的理论，根本没留意到什么见鬼的感受，“我，我……我觉得不公平。”很好，老师微笑着看着我，继续问：“还有呢？”

还有？我的天，还有什么，我搜刮了半天，说：“我觉得我的机会被掠夺了。”

“非常好，被掠夺的感受。”老师笑得更开心了。（有什么好笑的，我正生气呢）老师接下来问了我一个我从来没有想过的问题：“什么样的你，容易体会到被掠夺的感觉，什么样的你不会有这种感觉？”

我的第一冲动是想说，所有人遇到这种事都会有相同的感觉。可是我很快意识到，这不是真相，而我必须对老师诚实，对自己诚实，我可不想交这么多学费还在课堂上自欺欺人。于是我很不情愿地说：“觉得机会很少，而且觉得得到机会的可能性很渺茫的自己会有这种感觉。”

“所以那是一种关于机会的匮乏感对吗？”老师问我。

我说，“是的。”

老师接着问我：“那什么样的你，或者什么样的人同样碰到这个状况，但不会有这种被掠夺的感觉呢？”

我想了想，说：“应该是觉得世界上还有很多机会，或者觉得自己没什么问题、不那么需要这样机会的人吧。”

在回答问题的过程中，我逐渐意识到，刚才气势汹汹的指控其实正是我在表达自己的匮乏感和焦虑感的一种掩饰——通过声讨他人来索取更多，这种关于“我不够”的匮乏感在很长一段时间一直都伴随着我，时间不够，机会不够，金钱不够，无论那时的我表现得多么优秀或者多么自信，在遇到一些事情时的第一反应已经非常直接地把我内心深处对自己的判断表现出来了。

那种觉得不公平的感觉，就来自这份匮乏。而当我不再把注意力用来去讨伐别人，而是关注自己时，这份匮乏感就被我看到了。

而当我看到它，面对它，承认它的时候，我就拥有了重新选择的机会。

我可以继续认同这个部分，相信自己是匮乏的，也可以放下它。当然，放下不是一次性的事，是一个不断选择的过程，因为那个部分可能在未来还会偶尔被引发，而我们需要做的是无数次地觉察它、面对它、放下它。能量的提升是需要不断练习的，就像人们无意识地练习抱怨或者无助的感觉一样，任何事情重复去做就会被强化。而你要做的是，从现在开始带着觉知来决定你在重复的是什么。

既然谈到匮乏，就让我们再讲讲不同层面的匮乏。比如很常见的，关于金钱的匮乏。

在我小时候，常听大人们没事聚在一起闲聊时，就会说“现在的钱用起来真快啊，以前说十块钱打开就没了，现在一百块钱打开就没了”“一分钱难死英雄好汉”之类的话。所以在那时我的心中就形成了关于金钱匮乏感的观念，而且我完全没意识到这有什么不对劲。

即使成年之后，已经学习了好几年的心理课程，工作也有些成果，钱也赚得越来越多，但那些残留的匮乏感依然还在影响我。记得一次，我为了买垃圾袋和牙刷去超市，结果买了几百块钱的东西，出来结账时，看到账单，脑中就冒出一个声音：“没买什么就又花了好几百。”然而那一刻我的觉知立刻出现了，我想起过去我妈妈带我去超市买东西时，每次结账也会说类似的话。而就在刚才，这个早已内化的声音又一次在宣告我对自己的匮乏的信念。

我知道，这种感觉并不属于我，而我也可以让自己拥有一种完全不同的感受。于是我马上调整状态，带着感激和丰盛的状态来付账，感激提供商品的生产者和所有的流通环节，可以让我这么方便地买到我需要的物品，感激这个过程中我得到的服务，而且感激我这么有钱，可以自由地买我需要的东西。

当我以这种状态来付账时，我能感觉到自己和刚才那个不断抱怨的自己是完全不同的。内在背景的改变意味着"我"的改变，而新的"我"和世界互动，就会产生完全不同的互动结果。

破译你的原始代码，创造一个全新的世界

再讲一个关于金钱的故事。随着我的能量越来越高，我的生活有很多翻转性的变化。我对于自己的能量提升和提升能量的体验也更为重视。所以从33岁那年开始，所有的出差旅行我都会选择住五星级的酒店，如果实在没有合适的，至少也是四星。因为我知道，好的体验所带给我的滋养，让我创造的价值远远超出那些费用。当然，在我过去的信念体系中，是绝对不会这样的，一般都会住经济型酒店。因为受我的养育者的影响，我会觉得"住一晚上，不能吃不能喝又带不走，花那么多钱划不来"。

和大多数中国人一样，过去我们会忽略属于自己的体验，而希望留下一些看得见、摸得着的实实在在的东西，而忽略了"我"这个人的感受，这种匮乏感直接造成的行为准则就是把物质看得比自己更重。

当我突破这一点，更好地照顾自己的感受，尽量让自己有更好的体验时，真的极强地突破了内在的匮乏感。

有意思的是，刚开始住五星级酒店时，我发现我对酒店的服务员会比较苛刻，对他们的容忍度特别低。如果我提出的要求他们没有做到，或者让我等待得久一些，我就会生气，但当我去观察自己这个反应时，才意识到，那时依然还有匮乏感，底层藏着一个很隐蔽的想法："住一

次五星级酒店，必须有最完美的服务，才能对得起我付出的钱，否则就不值了。”而当我观察自己这个反应时，就发现认同这个念头是因为不相信自己的丰盛，潜意识觉得住五星级酒店不是常态，才会这么计较。现在想想，觉得挺好笑，小我的把戏真的是无处不在。一定要随时保持警惕才行。而当我确信自己住五星级酒店已经是一个很平常的状态时，那种容易苛刻计较的部分就自动消失了。

如果你能常常通过观察自己的反应探索到某个关于自己的深层信念，并能瓦解它，你就会获得越来越多的自由和力量。这个过程就等于你慢慢把你创造自己世界的原始代码全部破译出来，然后，你就可以为自己重新编一个全新的代码，而这个全新的你就会创造出一个全新的世界来。

如果你改变世界的方式是不停地向外面要，那么你会发现，你要得越多，你身边的人也会因为你的这种状态而引发他们的焦虑和匮乏感，然后你会感受到更多的失望和孤立，而这种状态的你只会更加匮乏无力，你“不够”的感觉就越会被强化，而这个自我形象会不断地被加固，越来越难以突破。

而且很多时候，你身边的人不是不愿意给，而是他们自己也是匮乏和无力的。你不可能要求一个连自己都不信任的人去给出对别人的信任，他们的表现当然是多疑的、担心的、焦虑的、控制的，比如你的父母、你的伴侣对你做的那样。不是他们不想去信任，而是根本没有资本可以信任。如果你持续抱有这种期待，除了把你自己和对方逼疯不会有任何好结果。所以与其找别人讨要，不如聚集方向，去寻找方法增加自己的资本，拥有更多对自己的信心和力量感。

当我彻底意识到这件事之后，我再也不去抱怨别人为什么不能给我那些他们“应该给的”，而是直面自己内心的虚弱和匮乏。

另外要非常警觉的是，我们为了合理化自己的“做不到”或“给不出来”，有时会用某一种体制、大环境或某种目前不可逆的条件限制来加强这个部分。

有时候我会喜欢看一些文章后面的留言评论，通过这些评论我能了解到当下群体意识的自我认同的阶段在哪里。

有一次，一篇文章写的是一个刚刚生完孩子的妈妈，在不到三个月的时间，通过健康饮食和锻炼，让身材恢复得非常好，马甲线、人鱼线，还配了辣妈和宝宝的照片。

这种励志文章后面总会有人义正词严地给自己泼凉水。

比如“这要家里有钱才可以做到”“毕竟年轻，恢复起来快”“我要是家里有三个保姆，我也可以”，诸如此类。

你看，以前他们会说，我身材走形是生了孩子。现在有人告诉你身材走形跟生没生孩子没关系，他们就会说那是因为她年轻、有钱、家里有人帮忙……

再如，我公众号里有些文章会谈到如何去做真正的自己，不要在乎别人的眼光。后面就会有些读者留言说，“要做自己，必须先有钱才有底气，没钱的时候怎么做自己”“女人总是弱势群体，哪有那么容易做自己”“作为一个男人总是有些责任要扛的”……

这些回应总结起来就是一句话：虽然我现在这样我不喜欢，但我相信我只能保持现状，而且永远会找出无数的理由捍卫我的信念。

他们虽然用的理由不同，但都在表达同一种信念，那就是“我做不到”。而且这些人的自我已经和内在的无力感、否定感一体化了，没有丝毫的觉知把这种无力感和自我分开。所以当外部有人想要帮助他们拿走无力感时，他们不愿意相信那种可能性——“我是可以的”，所以会找一个几乎无法改变的外部条件来合理化自己的现状，以证明自己所相信的是铁一般的事实——“我不行”。

如果这些人不能意识到自己的这个信念系统并改变它，那么无论未来他们多么努力都不可能真正达到他们所想要的状态。于是又会试图通过拥有一些东西来增加安全感和富足感，然而这就变成了抓取和证明的过程，当你越想证明什么，就代表了你内心深处缺乏什么，所以一旦证明也就失去了。关于证明这个部分，在下一章会更细致地来谈一谈。

借由自己面对各种事情给出的反应来观察自己是一个非常有必要的练习，通过这种完全中立的、不带倾向性的观察，你可以探索到很多深层信念，而且你所探索到的这些限制性信念会越来越精微和隐蔽，也越来越有难度。如果这个阶段的进程受阻，找一个适合你的老师，会让这个进程变得更快速一些。

学习的过程不是让你努力成为别人，而是让你有力量，成为真正的自己。而所有事情的发生都来自你相信它会发生，就像奇迹只发生在真正相信奇迹的人身上。人们在过去犯的最大的错误就是太大地低估了自己。成长就是学会打开你的视野，去相信一些真正会扩展你正能量的东西，重新评估这个世界，也重新评估你自己。

保持能量的稳定和提升能量同样重要

现在我们已经知道，提升自己的能量频率并守护好自己的能量是非常重要的。

但在这个阶段我们容易碰到的一个障碍就是，会“清醒地犯错”。过去的你毫无觉知，现在当你来到这里时，你已经有了足够的觉察和智慧能看到自己的一些模式，但是却发现，有时候即使看到了，也无法完全停下来，有股动力想把这股情绪继续下去。

情绪是有惯性和拉扯力的

我们所熟知的牛顿定律说明，所有的物质都有引力，质量越大，引力也就越大。而我们的念头或情绪长时间以某种特定的方式运作之后也会不断被固化，其能量也会加强。所以一般来说，同样固执程度的人，一个 50 岁的人想要改变他的模式，一定比一个 20 岁的人要更难。

所以我们要学会在情绪很精微的时候就觉知它，随时随地对自己的情绪保持警觉。

我建议，最好不要放任这个情绪超过 27 秒。超过之后，它就“长大”了，很可能把你席卷了。而且一定要警觉，不要顺着这个情绪去做反应和决定。

觉察保持清明的功课并不需要等到某个重大事件发生才做，也不需要到寺庙或深山老林去，你每天、每时、每刻的生活就是最好的道场，一个最容易被忽略的时刻都可能是最好的时机。

一个很平常的日子，我刚刚结束了两天的工作在家休息，已经计划好了等孩子们去学校和幼儿园之后的安排。大女儿起床说头痛，不想上学了，想请假。这几天她是有点轻微的感冒，晚上睡觉时会偶尔咳嗽，然而我观察她，走路轻快，食欲不错，远远没到需要请假休息的状态。我试着说服她，告诉她没关系，这个样子是可以去学校的，但女儿还是不愿意。我知道她可能是有点不舒服，同时也想找这个理由在家躲躲懒，休息一下，我是可以理解的。但我也有些为难，如果她请假在家，我今天原本的计划就要被打乱，只能留在家里陪她了。女儿还在一直求我，我说那就留在家吧，看看等会儿情况怎么样，再考虑什么时候送你去学校。女儿暂时同意了，安静下来，然后乖乖去吃早餐。

我给她班主任打了电话请假。先生起床之后，我跟他说了这事儿，先生皱了皱眉头说：我上午有事要办，你刚上完两天课不是想上午去跑步吗？怎么陪她？你看她的样子，哪儿严重到需要请病假的程度，跟她说还是去学校吧，晚点儿去都行，不然今天一天什么事儿都干不成了。

我跟女儿转达了爸爸的态度，女儿很失望，不同意，坚持想请假，我试着说服她，女儿的声音开始带着哭腔："妈妈，求求你了，我今天真的不想去学校。"看着女儿拖着我的裤子坐在地上耍赖的样子，我发现自己已经有些烦躁了。

我意识到，我对正在发生的事情有抗拒，因为现在发生的事情和我的预期不同，而我还在执着于我头脑中的计划，开始用头脑对抗现实，在刚才我开始生女儿的气，因为她的行为和我的预期不符，而在那个瞬间，我对她的爱和对自己的爱就被阻碍了。在刚刚这一刻，我忘记了我一直教导别人的：发生的就是最好的。

然后我决定重新选择自己的心情，马上调整了自己，不再和眼前正发生的小事对抗，放下了头脑中原来的计划。然后我对女儿说，行，那就在家休息半天，中午去学校可以吗？女儿非常开心地答应了，并亲了我一下。

我再次回到愉悦的状态中，先生带着小女儿出门之后，我留在家里陪大女儿。既然原计划的跑步无法实施，那么正好利用这个上午在家的时间把一直拖的稿子给写了。大女儿在旁边看书、看动画片、吃零食，自得其乐，而我在旁边码字，喝着咖啡，听着音乐。女儿呼唤我时，我就屁颠屁颠地给女儿拿东西，或者和她闲聊两句，抱抱她，亲昵一会儿……我非常愉快和享受，我很确定，在这一刻体验到的喜悦和按照计划去跑步所体验到的喜悦是一样的。我没有被突发事件带走，我在每时每刻都留意我的内在状态，不纵容自己掉进习惯性反应中，随时做选择，把让自己的愉悦感放在第一位。

你应该也有过这种体验吧？你期待一小时能开车准时到达约定地点，可是平时几乎不怎么堵车的时间段在今天却奇堵无比。你嘀咕着“真是见了鬼了”，开始担心自己会迟到，然后开始持续焦虑。你很烦躁，开始抱怨交通，甚至抱怨政府的无能，抱怨出门时伴侣磨磨蹭蹭让你出门晚了。这一刻你的心情变糟了，这是显而易见的，但你却完全不在意，不去把注意力收回来放在自己的心境上，不去观察自己的念头和情绪。

大多数人没有习惯去思考自己正在抱怨的语言或者正在考虑的念头对此刻心境是否有帮助，对现有的情况能否有改善，很多人只是本能地反应。因为人们觉得这样小小的坏心情太平常了，它每天会在自己的生活中出现好多次，你已经习惯时不时掉到这种小剂量但高频率的坏心情里，甚至把这种状态理所当然地认为是生活的常态。

很多时候我们会莫名地急躁，急着把这件事做完赶着去做下件事，可问题是做下件事时真的能比做眼前这件事更让你开心吗？我们只是被焦虑和急躁的人格背景长期笼罩，当我们没有觉知时就会认为是别的事情和所相处的对象带给我们这种感觉，实际上创造出这种感觉的是我们自己。

越是对自己的情绪不敏感的人，内在的状态就越不稳定，情感就很容易被身边的人、事、物影响。当自己的稳定感很弱时，我们就会期待身边的人或事稳定，永远在某种“顺利”或“正常”的范畴中运行。越多期待就会引发越多的失望和随之而来的糟糕情绪。

这样的坏心情可以被很多很多事件引发：约会的人迟到、新做的头发不好看、同事漠视了你做出的工作……甚至吃饭时溅了一滴油到衣服上，说出一句话可身边的人完全没给你期待中的反应，都可以导致你坏心情的爆发。如果那些更小的事情你都允许它来影响你，没有任何的自我觉知，对自己的生活不满意，却期待熬过这些“艰辛”的小日子，等待着某个大日子来改变自己的生活，那么最终你会发现，那些你渴望翻转你人生的大事，永远也不会来到。因为正是我们每时每刻面对小事时所做的那些选择，最后决定了我们是一个什么样的人，决定了我们生活色调的层次。

所以那些你不希望发生的“大事”的到来只是来提醒你，你需要对自己做一些改变，你需要成长了。而你对于这种提醒越不敏感，那么来到你生活中你不喜欢的事情就会越频繁，也会越重大。

我们对待那些细微事务的态度才是影响我们感觉的关键

很多人说我想要平静和喜悦，但是他们往往只能保持三分钟，电话响了：

账单快逾期了

他们说还需要更多钱

已经约好的客户临时有事取消了签约

丈母娘驾到

有人在指责这都是你的错

……

瞬间你的平静和喜悦都消失了，在那一刻你失去了觉察，你忘记了你拥有选择的权利。学会在每一个当下保持觉知，不要被事件带走，纵容情绪的蔓延。只有这样你才可以真正获得自由。

所以如果你总是忽略那些应对小事时的选择，只是做些本能性的反应，忽略你的成长，忽略让自己在任何小事发生时都要保持愉悦，而总是允许那些熟悉的坏心情侵蚀你——最重要的是你甚至从未意识到你正在被坏心情侵蚀，因为这种感觉太微弱并且太熟悉了，微弱造成忽略，而熟悉带来习惯，习惯变成麻木，久而久之这些小事的发生给你带来的感觉就变成你生活中整体感受的基调。

我们生命的品质是每一个此时此刻的小事累积起来决定的，如果你的目标是快乐的人生，那么请先学习在所有的小事里都可以体验到快乐的能力，如果你的目标是自由的人生，那么请在所有的小事中去创造自由的感觉。

我们并不需要大刀阔斧地调整生活来让自己觉得拥有了一个较好的人生。快乐，是你面前一而再、再而三出现的选项，从现在开始，把你希望享受的开心活动放在待办清单的最前面，将自己的快乐视为优先事项。

学习对令你不开心的小情绪保持敏感，不要轻易地忽略它和纵容它。

学会照顾自己的感受，为自己的感受负全责。

最重要的是，记得让所有正在发生的事情为你的快乐服务。你才是你的世界里最重要的人，你生命中的每一个最微小的时刻都值得被细心呵护。

重塑你的新世界

虽然我们生活在同一个地球上，但每个人却拥有完全不同的世界，所有我们能观察到的对象，并没有一个绝对的客观不变的存在。而量子物理学的奠基人海森堡发现了一个著名的量子现象，即被观察的对象会被观察者所影响，称为“海森堡测不准理论”。这就是说，不同的观察者以不同的观察方式所得到的观察结果会有所不同。

举个简单的例子，如果你想测量杯子里水的温度，那么就需要用温度计，而当你把温度计放进水里的时候，温度计本身的温度就已经改变了水的温度了，虽然这个影响可能很小，但依然是存在的。而在量子世界这个微观领域中，这种影响就显得非常大了。

我们生活的宏观世界是由无数的微观量子组成的，所以量子领域中的变动同样随时随地存在于我们每天的生活中，只是我们自己是否能感知到。

所以说你永远不可能活在客观世界里，你只能活在你自己的世界里。而你的世界是什么样子，是由你的观察方式所决定的。

就像在前面我们提到过的，我们对自己的观察是很容易有很多盲点的，就像眼睛能看到外面的东西，却唯独看不到自己，眼睛想要看到自己必须借助于镜像。所以，我们也很难观察到自己的所有信念系统，我们只能借由生活中和我们互动的人或事来自我探索。

因此，几乎所有的身心灵老师都会告诉你，你的关系就是你的镜子，你的关系模式就是这样的你创造出来的。这个部分，我们在前几章已经讲过，就不在这里展开了。在这里我们来谈谈你对这个世界的观察方式。

你的注意力在哪里，你的世界就在哪里

很多人会感受到生活的凶险和艰辛，而他们也确实遭遇了一些事情体验到这份艰辛的真实度，例如意外、被欺骗、残酷的竞争，等等。然而他们很难意识到这些发生的事件是由他个人的信念系统所创造吸引过来的。而这些信念系统早已根植于整个群体意识中，已经非常坚固了。

我们小的时候，长辈亲戚和老师们就会告诉我们一些这个世界的“真理”。比如“花无百日红，人无百日好”“乐极生悲”“人生不如意十之八九”……

在我 30 岁之前，我从没质疑过这些信念，甚至我都没有意识到这只是些信念，那时我认为这就是对这个世界的真实描述。

后来我逐渐意识到了这些信念的存在，以及更为清晰地看到我是怎么在这样的认知基础上来展开每天的生活的，又越来越多地从这些制约中摆脱出来。

在我 33 岁那一年，我有将近两个月的时间完全活在纯然的喜悦和宁静之中，在那段时间，我几乎心想事成，任何事只要动个念头，所有相关的资源、人或事就会来到我身边。我想开悟的状态大抵就是如此吧！

那个时期，所有的事情都变得异常顺利，而我的精神状态也出奇的

好，原本一天至少要睡八小时才能勉强不会太疲惫，在那两个月中我每天只睡四五小时就足够了，而且每天神采奕奕、灵感涌动，做事的效率奇高。

就在这种状态已经持续了一个多月的时候，我内在有个声音突然冒出来，小声地鬼鬼祟祟地说“这太不正常了”“这好奇怪”“你不可能永远这样”……

我很快注意到了这个声音，并意识到这是过去残留的信念系统想要死灰复燃，我马上把这个念头放下，不跟它纠缠。但它依然对我产生了一些微弱的影响，我内在有个部分有那么点认同这个声音说的话，所以那种状态在十多天之后就慢慢消退了。但是我知道这两个月的体验，已经让我的整个能量状态来到了一个前所未有的高度。

从那以后，我真正摆脱了那些曾经深信不疑的限制性信念。开始以一种更自由、更多元的方式来感知这个世界。就像量子物理所发现的那样，所有的亚原子都同时可能在任何地方，当观察者去看它时，其他的可能性就会坍塌，被观察到的那个位置就呈现出来。我真正了解到，那些信念从某种角度来说是真实的，但只对于那些真正相信它们的人，它们才是真实的，而它们永远不会再成为我世界的真相了。它们只成为一种潜在的可能性，当我不以那种特定的观察方式去观察它时，那种可能性永远也不可能成为我世界的现实。

其实对人的观察也是如此，一个人身上有无限的可能性，有极善的部分，也有极恶的部分；有有力的部分，也有无力的部分。当你和他们交往互动时，你内在深处的信念系统会在你无意识的情况下参与你和他们的相处模式。

例如：“人心叵测”“没有永远的敌人，也没有永远的朋友”……

你所抱持的某种信念，会决定你以某种特定的观察状态和他们互动，而这个过程就会激发人们在你面前呈现出某种你所相信的特质。如果你是一个愿意开放自己视野的人，就会发现同一个人，和自己相处的时候以及和其他人相处时会表现出完全不同的两种样子。因为观察本身就是创造，这一原则不仅适用于量子领域，也适用于我们所感知到的宏观世界。

当你想要改变你的外部世界时，必须先改变内在世界

古往今来所有上师的教诲都指向一个方向：你所感知到的世界，全部是你内心的映照。就如张德芬老师说过的那句耳熟能详的话："亲爱的，外面没有别人，只有你自己。"

你是你世界的创造者。当你想要改变你的外部世界时，必须先改变内在世界。我们自己时刻保持在高能量的状态，能量越高，那些低能量的信念碎片就会越容易被我们辨识和摒弃。而能量越低，我们就越容易认同那些低能量的（被恐惧驱动的）信念系统。

那么管理能量先要从管理我们的注意力开始。关注你所看的、听的、说的，甚至心里想的，觉知到你的每一个起心动念。学会去关注那些只对提升你能量有帮助的事情，把你宝贵的注意力放到那些美好的高能量的事或人上。

关掉你电脑屏幕弹出的那些会降低你能量的小窗口。不要看那些充斥着阴谋、不断放大人性阴暗面的影视作品。这些信息的摄入都会让你与之相关的信念系统被强化，并呈现在你的现实生活中。

留意你会点开什么标题的新闻，最好少看或不看网络新闻。无论是明星的八卦故事还是普通人的故事，同一个故事，不同人来讲述，会有截然不同的版本。

其实看娱乐八卦新闻，在我看来唯一的作用就是筛查内在信念系统的练习，你相信什么就会得出什么结论。

因为我们内在的很多信念都是彼此矛盾、相互冲突的。每个人在看这些花边新闻时，都会在里面寻找证据，以论证自己生活中所经历的故事的合理性，并用这些名人的故事来安抚自己的无奈感或罪恶感等负面感受："你看，连名人都这样，我的生活也会这样，这很正常。这个社会就是如此。"

一旦你为自己的生活中那些不喜欢但又无力改变的部分找到普遍性和合理性的支持时，这些部分就真的没有机会改变了。

因为你的观察视角决定你再也不可能看到例外的故事，那些其他的可能性都被无意识地屏蔽掉了，因此也就失去了改变的希望和机会。

何况，那些终究只是别人的故事，和我们没有半点关系。当你用别人的剧本来演自己的生活时，你生命剧情的方向就被你使用的剧本限制了。把主导权拿回来，写好自己的剧本才是最重要的！

不要纵容自己关注那些狗血的八卦故事，那对你没有任何帮助，更不要让自己陷进去，参与讨论它们。如果你的同伴在吐槽和八卦别人，你可以参与进去的唯一状态就是评估你能否引导他们从这种"受害状态"或者"优越状态"中离开，如果你目前的能力和能量尚无法支撑这个目标，那么就离开这个对话，或者通过提问或表达真实想法的方式来把话题转移到一个对大家成长有利的方向。

当然，也有可能你的朋友根本就不想停下来这种低能量的谈话，而且一旦不说这些，他们就无话可说了。如果是这样，你可以考虑避免和这样的朋友见面。也许你会担心如果这样你会失去朋友，但是你需要慢慢适应这个成长的过程。在你快速成长的过程中，确实会有些朋友愿意被你影响，并和你一起成长；而有些朋友则选择停留在原地，继续着原来那种生活。那么你并不需要强迫他们一定要跟上来，每个人都有属于自己的节奏和选择的权利，也许这条成长之路上，有些朋友会慢慢脱落，这很正常，因为能量已经无法共振了，自然就会分离。

很快，你就会遇见那些和你当下的能量状态所匹配的新伙伴。你会发现你的世界就这样转化成全新的了。

当你意识到这些时，你就会发现，你已经开始了你生命的第一次翻转。恭喜你！

第六章

和这个世界谈恋爱

那些看起来的
『平静』，
并不是来自
内心的强大，
而是来自内心的封闭。

越证明越失去

当人们在说“莫忘初心”时，到底在说什么，那个初心是什么？其实初心就是最初那个你在能量最高的时候，也是最接近自己本体的时候的起心动念，以及跟随这个起心动念而带来的美好感受。

就好像我最初喜欢画画只是纯粹的想画，并沉浸于画画时的美妙感受，但慢慢地身边的声音不断地催眠我：“做个纯粹的艺术家是会饿死的，没办法找工作”“你要选好找工作的艺术类专业”“你考试要考到前十名才比较保险”……

在这个过程中，我失去了最初的纯粹，忘记了初心，遗失了那份美好的感觉，这个行为所带来的体验就不再美好，而是竞争、压力、枯燥、疲惫、焦虑……从某个角度来讲，我认同了周围的那些声音，把画画变得功利了，也可以说我允许这份初心被污染。原本画画是可以为我的本体服务的，结果变成为小我服务了，而在这个过程中画画的乐趣也就消失了，导致我大学毕业后再也不想拿起画笔。

很多人在实现梦想过程中都没有守护好自己的美好感觉，不知道从什么时候开始把梦想变成向父母、他人证明自己的手段。

我有一个 19 岁的侄女在英国留学，她有个很大的梦想是希望在留学期间自己拍一部微电影。有天凌晨，她在微信里告诉我，她最近很焦虑、状态很糟，希望得到我的支持。

我：你为什么想拍这个微电影？

侄女：因为我要圆自己的夙愿。拍电影可以提高我整合资源的能力和创造力。

我：为什么一定要拍微电影呢？很多其他事也能提高整合力和创造力啊？

侄女：因为我喜欢，而且一直想做。我特别想做这件事，而且我当时想学编导而受到家人打压时就很想拍一个，但自己魄力毅力不够没有坚持，现在我已经进步很多了。

我：既然是做自己喜欢而且一直想做的事情，就好好去享受、去做就好了。

侄女：但就是很害怕不能完成，怕自己做不到。

我：想做是给自己的，想做到，就有证明给别人看的成分。

侄女：对，我想证明，我清楚。我要证明给当初反对我学编导专业的家人看。

我：那就问自己，如果没人看，还想不想做。

侄女：想。

最后我告诉她，那就回到最初想做这个事情的感觉里，不要掉进证明的陷阱里，这条路是没有止境的，会像笼子里的仓鼠一样，停不下来。

就像前面提到的做饭的妈妈 A，所有做的初衷都是对家人的爱，但是做着做着就变成了付出和证明、责备和索取，家务这件事就变得艰辛和疲惫，而最初的爱和幸福的感觉也慢慢地消逝了。

还有一些人的动力不是向重要的他人证明，而是向非重要的他人证明。我有一位朋友每天工作十小时，几乎没有娱乐，陪伴家人的时间也少得可怜，总是一副急匆匆、忙忙碌碌的模样，他的事业这几年来也总是起起伏伏。他总说自己时运不济，不懂得像那些人一样“耍手段”。

而我知道根本不是努力的问题，而是他做事情时心念的不纯粹导致了他的努力和回报不成正比。他总是跟风模仿，看什么赚钱就去做什么，却从来不明白自己真正想做的、擅长做的是什么。他关注环境多于关注他做的事，他关注竞争对手多过关注自己，他也很少去感受自己。

他跟我说："我现在不得不逼着自己更优秀，因为身后许多人等着看我的笑话。所以我要对自己狠一点，逼自己努力。"

可事实上别人对我们的态度都是我们自己教会别人的，如果曾经没有过看别人笑话的心念，是吸引不来看自己笑话的人的。

"我执"心太强，就很容易被外部的人、事、物影响

证明的能量会激发出别人也想要自我证明的动力，从而创造出竞争、紧张的关系。

我有一位女神级别的朋友，企业做得非常不错，人也美得跟电影明星一样。每次见到她，她都是最精致的妆容、最贵妇的行头，走在大街上绝对是仪态万方、引人注目的。同时，无论是在电话还是面对面交谈，她总会把"我们好久不见，我最近很忙，刚刚投资了一个近千万的大项目""哦，我昨天刚从美国回来，什么时候约出来见见吧""下个星期没法一起去游泳了，下个星期我要去上海出差，接着可能还要去趟巴黎"这些话挂在嘴边。后来我发现我每次和这个朋友约见的时候，准备出门的时间都特别长，我会花更多的时间挑选衣服、更多的时间化妆、更多的时间弄头发。谈话间，也会不留痕迹地表现自己，心里暗暗较着劲。我留意到，几次和对方见面或通话之后，我都感觉到自己能量下降了，心境也不如谈话之前喜悦平和。我意识到我内在想和对方竞争、不想被对方比下去的动力出来了。我的小我被别人的小我勾出来，玩着彼此证明的游戏。就像埃克哈特·托利在《新世界：灵性的觉醒》

这本书里谈小我的时候说的，小我就像人们养的小狗，当你把你的狗牵出去的时候，如果对面走来一个人也牵着狗，两只狗会迅速认出对方并彼此纠缠。

小我也是佛家说的“我执”，没有“我执”心的人都是很有力量的，他们很容易就可以做到不卑不亢、不以物喜不以己悲。“我执”心太强时，就很容易被外部的人、事、物影响，患得患失。这时候就会失去力量，偏离了自己的中心，离本来的自己越来越远。

而事实上我这个朋友身上是有很多很棒的特质的，坚强、独立、勤奋、好品位……这些都是我欣赏的，当我想要自我证明的部分被勾出来之后，最初和这个朋友亲近的原因就忘记了，反倒掉进和对方比较“谁更美、谁更厉害”的把戏中。

后来我学着放下证明的动力，每次见面时让自己更轻松自在，怎么舒服怎么穿，真心地欣赏她、支持她，而她也逐渐卸下她的“铠甲战衣”，我们在一起彼此都可以更多地滋养对方了，后来她也说“每次穿成那样真的很累，都是给别人看的，还是这样舒服”。

做事的过程中完全专注于当下时，力量是无限的

每个人都有很多的小我，相处时一不留心，小我自我证明的动力就被别人勾出来，一旦玩起了这个游戏，就会上瘾，会无法停止地一直玩下去。而且不论何时何地只要想玩，你一定能找到对这个游戏乐此不疲并且棋逢对手的人。但如果你决定不玩，不管身边谁来勾你，这个游戏都玩不起来。

我们身处的环境的污染源是很多的，有时我们自己也是污染源。

当我们护持好自己的初心，只是纯粹地去践行自己的梦想时，你是绝不会有艰辛的感觉的。好莱坞著名导演斯皮尔伯格说，即使是在刚刚

入行时他也从没感觉到过任何疲惫，每天早上都早早起床，为今天要做的事情兴奋不已。

真正的梦想来自我们的天赋，那是一种不得不做的感觉，我认识一位非常棒的作家说，她写的东西好像都不是她自己写的，是那些文字自己流淌出来的。就像我国台湾的著名创意人李欣频说的，非写不可，不写会死。我也常常有这种感觉，我常把我写文章比喻成母鸡要下蛋，有时候感觉到内在有些东西要写出来，如果找不到时间写出来会憋得难受，终于抽出时间写完之后，就会有一种酣畅淋漓的感觉。

如何让你做事情时更有热情？其实很简单，就是不为那个结果而做，而是在做的当下就让自己非常享受。从更深的意义上来说，那种纯粹喜悦的状态甚至不是你做的那件事带给你的，而是你内在投注在这个事情的方式所决定的。

当你在做事的过程中完全专注于当下时，力量是无限的，从来不觉得辛苦并且非常享受，也能轻松地在很短时间内取得一些成果。因为一开始这件事就不是为任何人做的，而是内心一股涌动的原始动力。

后来我的侄女跟我说，当她放下想要向家人证明自己的念头时，自己的状态变得很好，突然一切都变得顺畅起来。

梦想里蕴藏了我们天赋，那是我们来到这个星球的目的。有时不是你选择了你的梦想，而是梦想选择了你。我们来到地球上是为了给出自己的这份礼物。

当我们不把从内心迸发的梦想变成小我自我证明的工具，而只是纯粹去享受它，借由实现梦想的过程重新认识自己时，全世界都会来支持你！

冥想练习▶

觉察你的急躁焦虑

在我们生活中常常会有很急躁焦虑的时刻，今天，我们就来觉察并探索一下这种情绪。这种情绪代表着我们对当下或过去的某种状态不满意，急于摆脱这样的自己，好尽快去到下一个阶段。那么请你仔细观察一下，在你的日常生活中，最容易引发你焦虑急躁的是什么？

是什么事情？什么样的人？

最容易引发焦虑急躁的场景又是什么？

是在工作中，还是在面对伴侣时，又或者是在面对孩子的时候？

现在，回到这些场景中去看一下，自己当时的急躁和焦虑背后还有些什么？你对自己或对方有怎样的期待，是不是期待着逃离当下？

举个例子，孩子早上起床磨蹭，要迟到了，你可能会急躁焦虑，这背后其实是担心送完孩子自己也要迟到，担心孩子迟到多了老师会批评，担心孩子落下课程，不知孩子哪年哪月才能学会自主管理时间，总之这背后是对未来的混乱无序以及不确定感的恐惧。我们期待孩子能迅速听指令行动，好让自己逃离这种混乱无序和不确定感。

可是，我们最害怕、最想逃避的，就是最需要去面对和疗愈的。

真正成熟，就会对世界充满希望和热情

很多时候，人们说“看透了”，其实只是“放弃了”。

“成熟”和“麻木”看起来有很多相似的地方，所以很多成年人会把自己的“麻木”当作“成熟”。他们会拍着“90后”的肩膀说：“年轻人，你到我这个年纪就知道了。”他们安慰身边的朋友时常用的语句是:“男人/女人就那么回事”“婚姻都这样”“这个社会就是这样的”……在说这些话的时候，仿佛他们已经参透了人生，俨然已经是位大师了。

所有对外部的失望都源自对自己的失望

当他们认为自己看透时，确实会有些证据。因为真的，他们的心境是波澜不惊、没有起伏的。相比起初出茅庐的咋咋呼呼、晴雨不定的年轻人，他们确实看上去要平和稳定一些。他们很难再感受到愤怒、痛苦、无力、悲伤、失望……

但其实这是一种潜意识的策略，为了避免那些不好的感受，他们宁可把自己的“感受”这个功能彻底阉割掉，所以那些看起来的“平静”，并不是来自内心的强大，而是来自内心的封闭。

这是一种用来避免痛苦和那些所有让自己不好的感受的方式，就好

像为了避免阳痿早泄的苦恼，干脆直接把自己阉割掉，这样就再也没有性功能障碍的问题了。因为没有希望就没有失望，当然最后就什么都没有了，所以他们也不会感受到热情、好奇、兴奋、希望、激情、喜悦……他们什么感觉都没有。是的，什么都没有！

我们对外部所有的失望都是来自对自己的失望，这种对自我的失望通常是很隐蔽的，除非有足够的勇气去面对，否则很难被觉知。

因为你是不可能对你有信心改变的事物愤怒的，当你有信心改变时，你会直接行动。当我们内心深处被无法改变现状的无力感填满，又没有力量去面对这份无力感时，就会下意识地掩饰它。

掩饰它的方式有两种：攻击或者逃离。情感表现为愤怒（评判）或冷漠（不在乎）。

电影《心灵捕手》中的威尔用的方式就是后者，他总是表现得玩世不恭、无所谓、不在乎，虽然拥有无与伦比的数学天赋，可以轻易解算出最好的大学的高才生都无法解答的数学难题，但是却只愿意做清洁工或者建筑工人这样的工作。因为他的童年有过创伤，他内心有深深的自卑和无力感，他却一直不敢面对自己的这个部分。所以他一直自我放弃，躲在安全和熟悉的地方，害怕做出改变，害怕更优秀、更成功、更亲密。

当威尔的女朋友邀请他一起去加州时，这是一份承诺，一旦共同走进这个承诺，关系就会更进一步，更亲密的同时意味着更多的自己被暴露出来，好的坏的，都可能被对方看到。所以这时威尔害怕了。

他说："如果我们去了加州，一个礼拜之后，你可能会发现不喜欢我的地方。于是我跟不爱我的人困在加州，而她希望收回这些话。"

女友说："不，我不会收回的，我希望你和我一起去。"

然后威尔坚持说不能去，并使用了两个苍白无力的拒绝的理由。

虽然相比威尔，这个女孩的内心有力量得多，但也不是金刚不坏之心，她有些受伤：“如果你不爱我，就应该直接告诉我。”

然后他们开始争执起来，女友看透了他，说：“你别把你的害怕推到我身上。”

威尔说：“我怕？我怕什么？”

女友：“你怕我，怕我不爱你。但你知道吗，我也怕！但我想试试看，至少我诚实地面对。”

……

他们彼此都刺伤了对方。而当时的威尔也没有准备好把自己的心打开来面对自己的这一切，所以他最后冷漠决绝地离开了。

影片的最后，威尔终于找回勇气面对自己的恐惧，同时决定离开原来的地方去加州找回女友，面对全新的生活。当然他身边的三个守护者也是至关重要的——心理治疗师尚恩、他的好朋友查克和女友。每个人都在关键时刻给了他力量、爱和陪伴。这是一部非常棒的电影，非常值得推荐大家看看。

在爱情中，我从来没有被别人甩过，几次恋爱的结局都是我主动提出的分手。很长时间里这个记录一直让我引以为傲，直到当我经过足够长的自我成长和自我探索之后，我才发现我内心的恐惧和对那份恐惧的掩饰。因为我内心深处非常害怕那种别人会离开我的感觉，为了避免这种被“抛弃”的感觉，在每段感情中，只要我感受到一点点对方的心远离我了，我就会先提出分手。目的很简单，只要在别人抛弃我之前，先抛弃对方，这样我就不用体验被别人抛弃的感觉了。

勇士敢于直面自己的恐惧，而懦夫会否认和粉饰它

幼儿对世界的各种美好感觉，是经不起任何动荡的、单薄脆弱的美好，是幼稚的童话般的幻想。很多人会把这种幼稚的幻想带入成年之后的生活，幻想完美的爱情，一个完美的伴侣，就像白马王子或白雪公主。

这是一种前理想的、在生命初期的基础原型代码，这个原型很好，保留得越完整对日后人格的形成也越有帮助。但这个原型意识是脆弱和过于简单的，且只适用于孩童阶段。

当孩子们长大后，他们会发现这个世界并不是自己想象的那样。期待的东西得不到，愿望会落空，别人没有以他们期待的方式回报他们的善意……他们都会感到失望。这是成长必须经历的过程，这些经历不宜过早，也不宜太晚，在 3~18 岁有大量不同剂量的挫败感需要孩子们去体验。这个时候父母需要保有高度的觉知及智慧，就可以分辨出什么时候该保护，什么时候该放手。同时要警觉的是，父母不需要人为制造出这种失望，那就变成了一种控制，养育者需要做的只是顺随事情自然发展的节奏就好，并在孩子失望、悲伤时给予陪伴。这种接纳和支持可以给予孩子更大的力量放下对他人的期待而发展自身的力量。

所有的体验都是二元的，当你想明白善是什么的时候，必须同时明白恶是什么；要懂得什么是美，必须先要明白丑；要懂得更高层级的美必先要超越更高层级的丑。进化就是彼此交叠递进的过程。

其实每个人在成长的过程中都会面临许多失望无力的感觉，有的是步入社会之后感受到的，有些可能经历得更早些。这种失望也是一种成长。因为它让你看到了世界不同的侧面，你看到了人性的多面性。但是你不能在这个阶段停止，然后说，我知道了，这个世界就是丑的。这不客观，也不真实，就像说这个世界是纯粹的美一样不真实。

曾经的我其实和威尔一样是一个害怕全情投入被伤害的懦夫。其实

谁不会害怕呢？当面对新的未知的事物时每个人都会害怕，哪怕是那些看起来非常有力量的人。但勇士和懦夫最大的区别就是：勇士敢于直面自己的恐惧，而懦夫会否认和粉饰它。

拿出勇气真实地面对自己

该面对的功课，总是要面对的，根本无处可逃。

虽然我在爱情领域成功避免了“被抛弃”的感觉，但是在工作领域却无处可逃。

2012 年我父亲胃癌复发，当时我的状态非常不好，公司也面临很多问题，而在这个时候我唯一的联合创始人竟然跟我提出要离开公司。当时我简直如五雷轰顶，这时过去要自我掩饰，希望表现得理智成熟的社会人格模式马上就启动了。于是我强撑着表现出很平静的样子，还摆起老师的范儿，没有挽留，只是说如果你真的想清楚了，那好吧。虽然说这些话的时候，我的心简直都碎成渣了。

好在我们真的有很深的连接，而且我真的觉得为了面子而放对方离开，这个代价实在太大了。我承受不起，也没有必要承受。后来我又约对方谈了一次，这次我终于不再强装镇定，而是诚实地暴露自己的脆弱，告诉对方我真的很需要她，她要走，我很伤心难过。我的合伙人这才告诉我，其实她并不想走，她只是感觉自己不重要，似乎没有在公司发挥价值，说出想离开的话只是希望我开口挽留她。结果当时我那么快就答应了，她也非常难过。很幸运我们没有分开，直到现在我们都是非常默契的事业伙伴。

越是不敢面对，无力感就越真实

其实很多关系都是如此，很多时候我们做出那个离开的决定（心理的疏离或实质的离开）都是为了向对方证明自己的坚强，证明自己“可以不需要你”。

我们表现出愤怒、攻击，或冷漠、不在乎，以避免那些受伤的感觉。而真正想回避的是更深层的、藏在受伤背后的无力感和“我不够好”的感觉。

可是我们越不敢去面对，这种感觉就越真实，我们就会越恐惧它。虽然这种“我不够好”的感觉是一种幻觉，但是当我们不敢去面对时，它就可以控制我们。就像害怕想象出来的藏在衣橱里面的怪兽，虽然那怪兽是你想象出来的，但是只要你不打开柜门，那种恐惧的感觉对你来说就是真实的。

有时候，光是有勇气面对本身，就会带来巨大的突破。

我真正突破这个主题是在2015年年初，那是很平常的一天。公司做完一个活动已经有些晚了，我和一个同事一起坐地铁回家，他是我非常器重倚赖的公司核心管理人员，聊着聊着，他突然面色严肃地跟我说：“周梵，有个事要告诉你。”我心里“咯噔”一下，有不好的预感。果然，他告诉我，有一个他认识很多年的大哥，公司做得很大，有二十多年了，打算重新成立一家网络销售公司，邀请他去做总经理。新的办公地点比现在到我们公司的车程少一小时。一个钱多、职位高、离家近的新工作邀请，这太有诱惑力了。那一刻我的感觉糟透了，但我还是忐忑地、不死心地问他：“你决定了吗？”他说：“基本已经决定了。”

晚上十点了，我们走在地铁站里，人很少，我能听见自己的皮鞋在冷清空旷的空间里摩擦地板的声音。我知道他的离开已成定局，我很清楚地知道，这对他是个好机会，我应该祝福他，我可以表现得强大而得体，但我必须很诚实地面对我自己的内心，那份失落和无力的感觉是真实存在的。而这次我不想再消耗能量去隐藏和伪装了，我不想再把那个熟悉的坚强的面具继续背在身上了。我必须拿出勇气真实地面对自己！

我们在地铁口停下来，我告诉他：我知道我应该祝福你，但我真的很难过。话刚一出口，眼泪就流了下来，这一次，我没有把它憋回去，我抱住对方："我一定是让你失望了，而且肯定是失望过很多次。"

他的眼眶也有些红，我知道做这个决定对他来说也不容易。我一边擦着眼泪一边笑，好吧，我一直在逃避被抛弃的感觉，逃避那种因为我不够好而留不住我想留的人的感觉。在感情层面我逃开了，结果在工作层面还是要面对。该做的功课都是要做的。

而当我可以承认这些、面对这些时，在那一刻我突然感受到我内在有某种力量苏醒了。那个比强装坚强的自己和自我怀疑的自己都更伟大的部分，那个超越过去对自己的认知的、更有力量的自己诞生了。

忘掉你所知道的一切，去体验无数种可能

我们的灵魂来到地球就是来体验自己的伟大和力量的，但是那之前我们必须先有勇气面对自己的渺小和恐惧。不要因为害怕受伤就假装自己不在乎，假装自己明白那些自己根本没有体验过的事。

所以，不要轻易说出对这个世界"看透了"，这是极其危险的，这个世界在塑造你，你也在塑造这个世界。当你在限制这个世界的可能性的同时，也在限制自己的可能性。你会一生都活在自己狭隘的认知里，以为这个世界就是自己所看到的那样。

电话《奇异博士》里有一句台词，说出了我在课堂上一直在表达的观点：

"忘掉你所知道的一切。"

“想知道你在我眼中的未来是什么样子吗？无限的可能。”

保持寻找答案的勇气和热情，用心去体验，去爱，去行动，去尝试，去探索自己和世界。不断把自己代入新的次元。这样你才不会浪费这张来到地球的珍贵的入场券！

最后送给大家《心灵捕手》中心灵导师肖恩对威尔说过的一段经典台词：

肖恩：如果我问你艺术，你可能会提出艺术书籍中的粗浅论调。

有关米开朗琪罗，你知道很多，他的满腔政治热情，与教皇相交莫逆，耽于性爱，你对他很清楚吧？

但你连西斯汀教堂的气味也不曾嗅到？你未曾站在那儿，昂首眺望天花板上的名画吧？可是我见过。

如果我问关于女人的事，你大可以向我如数家珍，你可能上过几次床，但你没法说出当自己在女人身旁醒来时，那份涌自内心真正的喜悦。

你年轻彪悍，我如果和你谈论战争，你会向我大抛莎士比亚，朗诵“共赴战场，亲爱的朋友”。

但你从未亲临战阵，未试过把挚友的头拥入怀里，看着他吸着最后一口气，凝望着你，垂死向你求助。

我问你何为爱情，你可能只会吟风弄月，但你未试过全情投入真心倾倒，四目交投时彼此了解对方的心，好比上帝安排天使下凡只献给你，把你从地狱深渊拯救出来。

对她百般关怀的感受你也从未体会，你从未对她深情款款、矢志厮守，明知她患了绝症也在所不惜，你从未尝试过痛失挚爱的感受。

你也从未经历过在她的病床前坚定不移地陪伴，紧握着她的纤手，因为医生知道你根本就不在乎“探访时间”的明文约束。

你并没有体会过“失去”的真正意义，因为只有在你爱某人甚于自身时才会领悟。我怀疑你从未付出过这样的爱。

Invictus（拉丁语意为“不可征服）

19 世纪英国著名诗人威廉·亨利最著名的一首诗“Invictus”（拉丁语意为“不可征服）”，创作于 1875 年，出版于 1888 年，被列入《牛津英语诗歌集》（*The Oxford Book of English Verse*），据说曼德拉被囚禁于罗本岛时，就经常背诵这首诗。

透过覆盖着我的夜幕，黑暗层层无底，

感谢上帝赐予我，不可征服的灵魂。

就算被地狱紧紧拽住，我不会畏惧，也不会屈服。

遭受命运的重重打击，我满头鲜血却从不低头。

在这满是愤怒和悲伤的世界之外，耸立的不只是恐怖的影子。

还有，面对未来的威胁，可是我毫不畏惧。

（接下页）

无论我将穿过的那扇门有多狭窄，
无论我将承受怎样的惩罚。
我是命运的主宰，
我是灵魂的统帅。

【原文】：

Out of the night that covers me,
Black as the Pit from pole to pole,
I thank whatever gods may be
For my unconquerable soul.
In the fell clutch of circumstance
I have not winced nor cried aloud.
Under the bludgeonings of chance
My head is bloody, but unbowed.
Beyond this place of wrath and tears,
Looms but the Horror of the shade,
And yet the menace of the years,
Finds, and shall find, me unafraid.
It matters not how strait the gate,
How charged with punishments the scroll.
I am the master of my fate,
I am the captain of my soul.

你要做的不是索取幸福，而是练习幸福

几年前我的“智慧之爱”父母工作坊里有一位学员给我留下了深刻的印象。轮到那位学员发言时，她眼皮耷拉着，声音微弱地说，我是个全职妈妈，一个人带孩子好累，家里也没人帮我，我身体也不太好，老公也不理解我，婆婆……

我问她，你的孩子多大？

她说，下个月就5岁了，我自己在家教她，我很累，我完全没有自己的时间……

我很好奇，为什么你不送她去上幼儿园呢？这样，白天你至少有8小时是属于你的自由时间。

这个妈妈的答案让我很惊讶，她说，幼儿园不安全。

我第一次听到这种关于幼儿园的论调。我继续问，你为什么会认为幼儿园不安全呢？

这个妈妈立刻神情无比坚定地说，是不安全啊，我们小区很多孩子一上幼儿园就生病了，而且新闻里报道了很多孩子在幼儿园受伤的事情，食物也不安全，之前我还看到新闻里有孩子吃幼儿园的午餐食物中毒，还有……

她和刚才说自己好累、身体不好时虚弱无力的状态判若两人，这一

刻她简直就像战场上战士一般，愿意为了自己的信仰付出全部，只不过她是焦虑情绪的虔诚信徒和传播者，每次说起自己的担忧或烦恼时总能声情并茂、滔滔不绝、绘声绘色、上下五千年地一直讲下去，而且极具感染力。我确定如果我不打断她，再让她讲个三分钟，全场学员听了她的描述，都会被她说服，开始相信幼儿园真的是个充满危险的地方，而且这种危险随时都会发生在自己孩子身上。

这么富有感染力的说服只有一个原因，那就是这位学员首先成功地说服了自己，并且长时间调动身体的每一个细胞关注并身心一致地沉浸在这种焦虑和烦恼的状态中。现在她已经和这种焦虑情绪成为熟悉的好朋友，生活中任何一个小小的触媒都会引发她进入这种焦虑状态，她听的、看的，所有的感官也非常熟练地在这个无限可能的多维世界中搜集那些可以让她持续停留在焦虑情绪中的信息源，而且因为长期使用、不断升级，这种搜集能力早已经进入无须人工控制、自动化高速运转的版本。最后，她的世界就会吸引更多相同频率的事件和人来到身边。

因为你所有关注的事不仅印证了你所相信的事，并且还会创造出你所相信的事，然后变成你的一种存在状态、最你世界的实相，成为你的命运。

所以，你的命运其实是你不断选择和练习的结果。无论你关注什么，练习什么，都会精通它，最后成为它。

你在练习什么，就会精通什么

有很多读者和学员来问我这样的问题：

“周老师，我发现我老公手机里有和别的女人暧昧聊天的信息，怎么办？”

“我和我男朋友在一起已经很多年了，他什么都好，就是比我大 12 岁，我一直放不下，如果他先离开，留下我一个人孤单无依怎么办？这件事困扰了我很多年了。”

“我觉得我总是很讨好他人，很没有力量感，而且周围的人也总是不尊重我，甚至嘲笑我……”

“为了装修房子，我通宵看了很多店，最后甄选三四家想和他一起选，结果选到一半，他说他困了要去睡觉，还有很多类似的事情。我现在怀疑他是否真心付出过。”

……

每次接到这样的提问，我真的很想提醒大家，去觉知一下，在你的生活中，你到底在练习什么？你的注意力是不是也已经升级为自动化的高性能雷达版本，每天在你无意识的状态下，大量关注那些让你能量变低的事件、行为、情景、资讯、影视作品……并且沉溺其中无法自拔，认为这就是世界的全部真相？

当你长期沉浸在某种情绪中时，它就会成为你的个人气质，进而成为你的性格、你的身心状态。你的各个器官、面容、体能都会匹配到你长期沉浸的那种情绪中，呈现出相应的身体状态。所以，如果觉得自己看起来苍老、体力大不如从前、面容憔悴，这真的和年龄没什么关系，只是你身体的亿万个细胞在配合你的思维和情绪调整自己的状态而已，这是你常年练习的错误方向，让自己处在低能量状态的必然结果。

肉体是非常完美精妙的艺术品，行为就是它的空间，情绪状态就是塑造它的雕刻师。在一小块皮肤中，就有 4 码（1 码 =0.914 米）长的神经纤维、1300 个神经细胞、100 个汗腺、300 万细胞。每一个人在生命最初的一个半小时仅仅是一个细胞，而现在的我们拥有大约 1 万亿个细胞。在你读这段文字时，你的 5000 万个细胞完成了新陈代谢。你用肉体做什么，你所有体验过的情绪就会被你的每一个细胞牢牢地记住并产生相应的化学物质，并对你身体的消化系统、免疫系统、神经系统等每个部分都产生影响。

比如我现在 34 岁，但是我现在的身体机能和各方面的状态都要比我 10 年前还要好，因为在我 20 多岁时，我是非常浮躁和焦虑的，自我评价完全被原生家庭所影响，对世界充满了不安全感和不确定，而现在则完全不同，我越来越平和，对身边的人和自己都越来越满意。我从来没有像现在这样喜欢我所存在的这个世界，热爱我所度过的每一天。这些都来源于近几年我在生命各个层面的不断练习。

精通幸福的练习，让你变得完整而强大

世界超人本心理学大师肯·威尔伯在著作《生活就像练习》里谈到，每个人的生命都有三个层面的练习来提升能量。

身体层面的练习有：瑜伽、有氧、健身运动等。

心智层面的练习有：读书、辩论、写作等。

心灵层面的练习有：冥想、祈祷、唱诵等。

每个层面的练习都会彼此影响发生共振，所以每个层面的练习都是不可忽略的。当你分别在粗钝能量体（身体），精微能量体（心智和情绪）以及灵性能量体（心灵）这三个层面都开始做不同以往的练习，启动三种不同维度的改变时，你的内在会发生巨大的改变，然后是你的生存状态发生改变，这时你的外在世界也会有非常明显的改变效果。量子物理的各种模型实验结果也清晰地告诉人们，如果你创造了新的情绪状态及新的存在状态，你就会改变自己的电磁特征。当你的身体状态、思维模式和感受都不同以往之后，你将会彻底地改变现实。

《无量之网》这本书非常系统地阐述了这一点。

在最初做提升能量震频的日常练习并不太容易，因为曾经的“自动巡航”系统已经成为你生命的常态，很多时候是在你没有觉知时自动运作，而随着成长慢慢开启，你开始了解自己内在的模式是如何运作的，那些你熟悉的情绪体：焦虑、愤怒、受害、自责、无力感，轻车熟路地粉墨登场时，你偶尔能看到它们，但却没有力量让它们停下来。

我经历过这个阶段，所以我很清楚它会有很多反复，同时也是非常艰难的。所以这个阶段，寻求外部的支持是非常重要的，事实上敢于寻求帮助也是需要力量感的。

当你用心看明白这本书，并能在生活中践行，提升内在的觉察力，关注你每个当下的念头和情绪以及你的注意力所使用的方向时，你就会非常精通幸福的练习，你会越来越擅长体验美好、发现美好，也会吸引一系列美好的事和人来到你的生命中。

而你需要做的是从此刻开始，彻底改变在生活中正在进行的你练习方向。

同时也要明白，练习不仅仅是发生在健身房、工作坊中，生活才是最重要的场所。当我们遇到上班迟到、同爱人吵架、宝宝哭闹，或者身边的人生病、职业纠葛这些情形时，练习才显得尤为重要。

当你持续这种练习，甚至已经变成你新的“自动化反应”时，你会看到你的生活全新的场景豁然打开。新的自由能力得以绽放，喜悦和丰盛的状态成为你日常生活的背景，存在于你的每一个选择和行为中。爱和喜悦已经化入你的细胞，即使在生活中每个最普通不过的时刻也是如此！

若是你不断地体验、学习、成长……精进突破小我（人格）的限制而获自由的感觉，当你真正获得属于自己的智慧和力量时，你就会从头到尾彻底而圆满地爱上自己！也意味着你可以同时接纳你身边人身上的闪光面和阴影面，你会变得完整而强大，这个时候的你，是非常自在、有魅力的。

最后你可以到达的境界，是不再借由某一个特定的个人对你的爱来决定，因为爱着自己，所以你也爱和你有关的一切！你可以成为最好的爱人，而整个世界都将是你的情人。

成熟地面对分离是力量和智慧的表现

恋人、合作伙伴、好朋友、家人……你生命中不是每个人都能一直陪你走到终点的，有很多人和你可能只有一段缘分，他们来过，然后离开。

有些人来到你生命中的意义，是让你感受到爱，有些人是让你学会去爱，有些人是让你学会面对自己的恐惧进而转化它，有些人是让你看到自己人格中的各种限制和评判，有些人是让你看到希望和扩展你的视野……

他们都会在合适的阶段出现在你生命中，也会在合适的时间退出你的世界，当他离开了，他对你在那个阶段的意义就完成了。

那么如何能确定你完全从那个经历中把礼物都收到了呢？有一个简单的鉴定标准，就是类似的事件、类似的感受不会再发生了。

当我们选择结束一段关系的时候，大多是因为这段关系里有太多的失望和苦痛，而最初这段关系有多亲密，最后分离时就会有多煎熬。在一段关系里，所有的感受都是相互的，你有多受伤，对方就有多受伤。我常常对那些尚未从上一段已经结束的关系中走出来的人说，那个经历是必需的，如果没有这段关系你就不会成长，你们互为对方的小白鼠，彼此贡献和学习。

谢谢你曾经来过我的生命里

很多人第一次养的宠物都会因病或其他原因而死，无论你多爱它都没用，因为你尚未积累足够的智慧照顾好它。光有爱是不够的，爱加上无知就会带来伤害。

我的第一只宠物狗是在我小学毕业考试结束时获得的礼物。我心心念念了好久，当我终于拥有它时，简直无法用语言表达我有多么幸福。那是一只斑点狗，就和迪士尼《101 斑点狗》里面的小狗狗一模一样，我给它起名马克。

那一年，我 12 岁，它三个月。它真的很漂亮，完美的斑点，可爱的模样，走到哪里都会引来围观。我太喜欢它了，它是我的骄傲，我去到哪里都带着它。而那时，我并不知道这个年纪的小狗抵抗力弱，不适宜经常外出。

有一次，我带着它坐了一小时的公交车，去我姑姑家。后来它在车上吐了，吐了公交车一地，司机很心烦，说了我几句，我不知所措，于是在车上吼马克，它无辜地看着我。

我羞愧恼怒，在一车人的注视下抱着它落荒而逃，提前下了车。在七月的烈日灼晒下，我和它站在马路边，心烦意乱。

那一刻，骄傲变成了麻烦，喜爱变成了厌恶，我发现我根本没有足够的力量去承担另一个生命给我带来的所有状况。

我不知道哪些是它需要的，哪些是它不需要的，我只是一味地把我认为对它好的东西给它。

我只希望它保留所有可爱乖巧的一面，不要给我添任何麻烦，但是马克做不到。它还是弄坏了家里的很多东西，把大便拉在不该拉的地方。我被父母责骂，教了好多次都没教会它后，我气急败坏，打了它几次，可依然不见成效。我对它的宠爱也不如之前那么浓烈了。

没过多久，它生病了，感染了一种犬类常见的病毒，我又着急又心疼，父母陪着我带它去宠物医院治疗了好几次，花了几千块，但病情未见好转。它越来越虚弱，最后甚至连抬起头的力气都没有，但只要家里人靠近，它还是会努力试图摇尾巴，能做到的却只是把尾巴抬起来一点点，最后，它已经完全无法进食了，还时不时吐出肠胃的一些分泌物。

我难过极了，我想再试一试，我把它放在用鞋盒做的小窝里，坐车带它去宠物医院，医生说，治不了了，让我带它回家。

回来的路上，我知道，它就要死了。那是我第一次这么近面对死亡，12 岁的我伤心又害怕，想到很快它就会变成一只死狗了，那会是什么样子，会僵硬而恐怖吗？

而它只陪伴了我几个月，我不能接受它这样离开我，我也根本无法面对它的死亡或任何死亡。恍惚中，我没有把马克带回家，而是走到附近另外一个小区，把它放在一栋楼的墙角，然后逃走了。

我把它扔了。我和我第一只宠物的关系就以这样的方式结束了。

那是我第一次面对分离，而那时的我做了一个非常糟糕的选择。从那以后我再也没有主动养过宠物了。

成年之后有过那么几次，我会突然想起马克，它会如何？会不会有好心人把它捡回去，陪它度过最后的时光，或者奇迹发生，它好起来了，还是注定孤独地死去？

经历过和马克的那段关系，让我对自己有了更多的了解。如果没有它，我不知道自己有多无知和懦弱，也明白进入一段亲密的关系是需要智慧和力量的，而不能盲目地承诺一些自己根本做不到的东西。

后来我常常想，如果以我当下的智慧和力量，我再面对这样的情境，我会如何做？我当然会抱着它，陪它说话，让它死在我的怀里，让它在最后的时刻感受到我对它的爱。而之所以我可以做到这些，是因为我已经准备好了接受它的死亡，以及有力量去面对分离过程中自己所有的感受。

马克曾经是我不想提起的回忆，它代表了我那段无知而懦弱的历史，即使那时我还是个孩子，我也不觉得这个理由有多么充分。毕竟，只要你想要保留愧疚感或者无力感，就总能找到足够多的证据。

当我不断成长之后的某一天，我决定彻底停止对那段经历的不断的自责和懊悔，我知道，那不是它发生在我生命中的意义。

所以后来，我在面对父亲的离世时，我做得要好很多很多。在父亲最后的时光中，我给出了非常高品质的陪伴。我放下所有的恐惧去面对、去表达，说了所有我想说的话，我告诉爸爸我有多么爱他，告诉他我有多么荣幸能够成为他的女儿。

如果我跳过 12 岁那年的经历，我不可能做到这样。我想这就是马克出现在我生命中的意义，让我变得更好，让我更懂得如何去爱、去原谅，去放手。

这两次分离，都是对方离开我，而且都是以这个世界上最强大的力量之一——死亡而分离。然而分离，不仅仅是对方会不容分说地离开你，很多时候，是你需要决定离开对方。

如果有些关系注定了要分离，那么就好好告别

当一段关系已经不再适合你时，有力量在恰当的时间选择离开是很重要的。无论是对一个朋友、一段亲密关系，还是对一份工作或者一个地方。

很多人不愿意成为那个主动做决定的人，是因为不想主动承担相应的后果，除了对未来的不确定所带来的不安感之外，还有不想承担“坏人”或者“放弃者”的身份，然后会用一些看起来更非个人化的理由来说服自己。

例如在婚姻中，最常见的情景是“为了孩子”或是“父母不担心”而结婚或者不离婚，其本质都是逃避为自己的人生负全责的说辞。

我从来不主张必须在一段关系里死磕，很多心理学理论会说，如果你这段关系没有修好，那么你在下一段关系中还是会碰到同样的问题。

确实是这样，但如果你已经毫无意愿在这段关系中继续给出承诺，仅仅是害怕分开后的不确定性，那么这种为了坚持而坚持的关系会带来更多的消耗，因为这种理由逃避做选择和用孩子或者父母作为理由本质没有区别。

然而这种消耗是慢性消耗，它会一点一点消磨你的力量和自信，通常当你意识到时，你所付出的代价已经非常大了，可能已经开始上演各种鸡飞狗跳的狗血故事，创造一次极端猛烈的冲突，然后就势分开；或者发现身体出现问题了——我有很多学员，他们长时间处在一段感受糟糕的关系里，会直接影响身体。但只要问题并不太严重，都不会做出重大决定，除非查出了各种指标严重超标，身体的不适疼痛越来越明显，再这么过下去，小命儿都保不住了。为了保命，终于离婚了。

所以很多人会更愿意在某种迫不得已的情况下做决定，极端情况下可以避免内心的纠结，才可能激发出底层求生的潜能来做决定。但如果总是习惯在极端情况下才做决定，你就总会在自己的生命中创造极端情况。

学会成熟地面对分离是力量和智慧的重要表现。

如何判断一段关系是否到了真该结束的时候还是需要给出更大的承诺是需要智慧的。之所以那么难以做决定，是因为内在两股力量势均力敌，一方面是痛苦压抑想离开的感觉，另一方面又对这段关系有极深的依赖。爱会让你自由，但依赖不会。当你依赖一个人的时候，你的爱里一定有满满的控制。但有意思的是，你越依赖，通常你也越需要另一个人对你的依赖。因为你必须让对方依赖你，你才能控制对方。所以，别人可以控制我们，也是因为我们有攀附心。这种关系就是武志红常常提到的一个词“共生绞杀”。

从这种关系模式中离开是非常有必要的，也是非常有挑战性的。而离开这种关系模式未必一定需要离开这个人，无论是保留这段关系但改变关系的模式，还是直接离开这段关系都是可以的，无论哪种选择，都需要面对挑战，取决于你更倾向于面对哪种挑战。

所有的创造和改变都会带来原有层级的一些动荡，会打破某种旧有的平衡，但这种动荡是成长必须经历的，表面上看似乎要付出一些代价，但长久来看你会明白这些代价是完全值得的，而且这个代价绝对是你付得起的。

任何人、任何事都不应该是你成长的阻碍

几年前我跟随我的老师一起学习，他是开启我身心灵成长道路的第一位真心意义上的老师，对我来说亦师亦父，我在他那里得到了很多帮助，也非常想要支持他，后来我跟我的老师有长达四年的商业合作。

然而越到后面，随着我的个人成长和商业理念的成熟，我和老师之间的分歧也变得越来越多。

而我很难说服他，他也很难让我在原有的格局中去继续共事了。后来，我用一种几乎决裂的方式离开了，我写了一封公开信，昭告天下，主动退出合作；而且发表这封信，离我在电话里告诉老师我要退出合作只有两小时。可以说，这个决定是非常快做出来的，而且没有给自己任何缓冲和退路。

我这个举动，有很多客户甚至公司团队成员不能理解。为此，公司经历了几个月的剧烈动荡。那几个月我自己的状态也糟糕极了。

我曾经极度怀疑我是不是做错了决定，把自己和公司都推向了一条

错误的道路。然而，也正是在那个最低谷的阶段，才让我有机会触底反弹，触碰到了内在源头的力量。

失去很多东西的时候，我们更容易看清自己的力量并不依附你所拥有的事物。虽然我也很清楚，当时选择分开的方式是不够成熟的。

就像回忆马克一样，我后来回想起当时分开的情境，当然明白如果以现在的智慧，我可以非常圆融地处理好各方的关系，把对所有人造成的影响降到最低。同时，我也明白那个时间节点，以那时的我的能量等级，已经是最高效的选择了，就像光一样。

当然，这都是整个事情全部结束之后我才意识到的。

这是一个能量跃迁的过程，我已经来到新层次的临界点，这一步必须跨越过去，我节省了最宝贵的资源——时间。

而其他的代价看似很大，现在看来我都担负得起。

那个时候，我并没有现在这么有力量，我对老师还有攀附心，有依赖，我依然需要有自己被需要的感觉，需要“我很重要”的感觉，而我知道，这样的我是可以被控制的。

如果我不用这么决绝的方式离开，我可能就又会被诱惑而犹豫，然后可能又要在其中纠结消耗个一两年。而那个代价，才是我担负不起的。

分离最难的部分，是我们常常会执着于过去和那个人一起曾经美好的体验，人们希望那种感觉可以被留住。

但那是不可能的，即便你的童年有再快乐的经历，你也不可能在成年之后体验到相同的快乐，你体验到的一定是成年之后的快乐。虽然同样是快乐，但那一定和孩子的快乐有着微妙的不同。

如果你执着于童年的快乐体验，那么你只能让自己的心智退行。然而生命的进化是无法阻挡的，如果你想要和同一个人共同体验美好，那么必须一起来到更高的维度，体验更精微也更纯粹的美好。

无论如何，都谢谢你曾经出现在我的生命中。

如果对方没有办法和你保持同样的成长节奏，那是可以的。

对方没有和你做相同的选择并不是你停留在原地的理由，你的能量跃迁也并不需要身边的人和你一起才行。

你可以接纳、可以影响对方，也可以离开。总之，任何人任何事都不应该是你成长的阻碍。

就像艾克哈特说的，“一个开悟的人，是不需要身边的人都开悟的”。

如果有些关系注定了要分离，那么就好好告别这段关系。尽可能早地意识到这并不是对方的错，更不是自己的错，只是彼此可以陪伴对方共同走过的这段旅程已经结束了。对方是你历史的一部分，经由这段历史你才可能成为现在更好的你。保留怨怼或遗憾感没有正面意义，尊重那个人本质上就是尊重自己的历史。

以自己的成长来感激对方曾经出现在你的生命中，无论对方现在如何都给出祝福和尊重，也许未来的某一天，你们会在全新维度的时空相遇。

第七章

接纳自我，从拥有强大内心开始

无论是亲密关系
还是和金钱的关系，
都不要怕输，
当我们认识到这一点，
力量感就会生发出来，
我们最宝贵的注意力
将开始投向创造和成长，
能释怀的过去变得广阔，
我们就能以此刻为轴心，
在未来画下一个更美好、
更广阔的生命之圆。

会不会有人天生就内心力量强大

常有人问我："我总是犹豫不决，不仅在亲密关系上如此，在工作方面也是，既没有力量改变，也没有力量离开。我知道是我力量不够。"

正向关注——爱与力量的起点

"周梵老师，怎样才能获得更多的力量？"

其实这个问题问错了方向，当你在问我如何获得力量的时候，其实是假设，没有力量是自己的本然状态，然而这不是真相。事实上每个人都是本自俱足，你需要问的是：我是如何让自己丧失力量的？

就好像有人会问：有些事情我就是放不下，我该如何放下？

更本质的问题是：你是如何让自己一直握住不放下的？

一位客户在咨询时抱怨她老公不给她点赞这件事，翻来覆去足足讲了将近十分钟。

"他给所有人点赞，而且有些内容那么无聊那么低级，他都去赞一个。为什么唯独不给我点赞？他还是不是我老公啊！"

类似的抱怨我听到的还挺多，你在意的人有没有在你的朋友圈点赞，对很多人来说真的是挺重要的一件事。

当然，被“赞”，不仅仅是朋友圈那小小的爱心标志后面的数字多一点那么简单，它还是一种关注和肯定被量化了的表达方式，更重要的，它代表一种被关注、被肯定的状态。

可是人们却很少去思考：为什么我这么需要被别人关注和认可呢？

当自我价值感不够高，对自己的价值不确定时，对自己的关注就会变少，或者说正向关注很少。虽然自我怀疑、自我攻击也是一种关注，但那不是正向的。

正向关注，例如自我肯定、自我接纳等，是可以为自己带来力量和爱的。当我们不习惯、愿意或者没有能力给自己正向关注时，自然就渴望从别人那里得到确定感。

四年前，我和我妈妈的关系还有些紧张，远没有现在这般轻松融洽。

有一天，我带着一岁多的小女儿当当去我妈妈家吃饭。那天我戴了一枚银戒指，做工精致，造型别致。小女儿看到了，很感兴趣，我就取下来给她玩。过一会儿我们去吃饭，我就忘记这件事了。

吃完饭，我们坐在客厅，准备休息一下就回去，妈妈在扫地，就从沙发下面扫出了我的那枚戒指。妈妈问：这是你的吧？怎么掉这儿了？你怎么总这么没收捡。

我说：是我的。刚才当当想玩，我就取下来给她玩，应该是她玩的时候掉下去的。

我妈说：你怎么什么都给她玩儿？这戒指看上去也不便宜吧。

我接连被呛了几次，心里已经不太舒服了，心里早已失去了觉察，那一刻，新仇旧怨一起涌上来，我就冷冷地回了一句：

“有什么东西比我的女儿更重要呢！！”

事实上这是一句攻击性很强的话，而且更可恨的是，这还是那种隐蔽的攻击。骂人不带脏字，信息量却极大。这句话表达的意思是：

我在意我的孩子多过在意这些物质的东西。我是一个真正懂得爱孩子的母亲。而你不是，因为你不是这样对我的。

它重重地戳中了我妈妈的痛点，激怒了她，她开始反击：哦，都像你这样惯着孩子，她要天上的星星你也摘给她是吧？别人都应该像你这样惯着孩子是吧？

我无心恋战，应付了几句就带着女儿离开了。

一出门我的觉察就回来了。我意识到刚刚发生的事情，是我在和我的母亲竞争，竞争谁是一个更好的母亲。我意识到我的优越感，事实上，在心里我认为我是更好的那个。

当然，在某个层面上，我比她拥有更多资源和机会去学习和成长，所以我或许比我的母亲要了解更多心理学知识和亲子关系，也能更好地觉知和管理自己的情绪。

但为什么我无法掩饰地希望我母亲知道这一点，并无意识地在证明这件事呢？

我为什么会觉得让她知道我是更好的那个如此重要呢？

当我在问这样一系列的问题时，答案就冒出来了。

因为我在内心深处渴望我妈妈能像我对待我的女儿那样对待我，被无条件地爱，被认可，被接纳，被肯定。

因为那时的我，依旧相信我需要从别人那里得到爱，而我自己没有能力给自己。

在此之前我一直认为，我和妈妈关系之所以紧张，是因为她常常指责我、否定我。而我从未意识到，正是因为我关注她怎么看我比关注她要多。

为了得到这些，我的自我证明所带来的优越感给她带来了很多被否认被攻击的感觉。

而我完全没有意识到这些，因为我只忙着找她索取我要的东西：被接纳，被认可，自然就给不出我妈妈需要的接纳和认可。

因为当我们在意别人怎么看我比在意别人多时，我们是不可能真正懂得爱和欣赏的。

当你在意的人确认你足够好，你才能确认自己足够好。那种相信我很好所带来的安全感、快乐圆满的感觉才会重新回来。仍然有很多人相信这种感觉一定要依赖别人才能得到呢！

真正的爱来自自我

我想起我带的一个讲师，前不久她做了一场几百人的公开讲座。因为她之前从未做过这么多人的讲座，所以讲座开始前几天她非常焦虑、紧张。

她来见我时谈起这件事，告诉我："周老师，我现在真的感觉有点心虚，很不自信。"

我问她："那发生什么会让你变得自信呢？"

她说："如果现在有一个很权威很厉害的人，比如说国家领袖，或者马云那样的人跟我说'你肯定没问题，你一定行的！'，那我就会马上感到自己非常有力量了。"

我当时就笑了，随手拿起沙发上的一个抱枕，说："这个抱枕就是你的力量，这分力量本就一直属于你，但是你看不到它，甚至不相信它的存在。你把这分力量投射到某个你认为很厉害的人身上，就相当于你把你的力量送给对方。"

我把抱枕递过去让她抱着，然后示意她说：我相信你，你很棒！

我又让她将抱枕传给我。

我夸张地接过那个代表力量的抱枕，表演出兴奋开心的样子，然后紧紧抱着抱枕，模仿她的样子说："嗯，我听到你说我很棒。现在我有力量、有信心了！”

然后我对她说：“事实上，在对方说出肯定你的话的时候，什么也没改变，什么也没发生，对方也没有为你做任何实质性的事情。”

“你突然就有力量了，你有没有想过，这分力量到底来自哪里呢？只是因为你内在的感觉变了？而你的感觉是如何改变的呢？真的和对方对你的肯定有关吗？”

其实是你自己决定相信对方的话，让其转变为内在的感觉，而你也可以决定不相信对方的话，这样那个自信感也不会出现。

可是既然你可以决定通过相信对方的话来转变自己的感觉，那就意味着你可以自己决定力量的有无，和别人根本就没关系。

“假装我需要别人认可才有信心”

你意识到这当中你是怎么玩这个“假装我需要别人认可才有信心”的游戏了吗？

根本就没有别人，前前后后都是自己在跟自己玩儿。

很多人控诉自己身边的人：

为什么我为他（她）做了那么多，他（她）对我一点儿却都不好？

为什么我爱他（她）这么多，他（她）却爱我这么少？

事实上跟另外一个人没有一点关系。每个人都是自由有力量的，可以选择去做自己想做的，也可以拒绝自己不想做的。

他们这么痛苦，是因为他们所做的那些并不是喜悦的、享受的、纯粹的。他们在做的过程中有很多的疲惫和委屈，因为他们害怕，如果我不那样做，他（她）就会不喜欢我了，就会离开我了。

于是在这样的信念中，就不断压抑忽略自己的这些感觉，无法让自己停下来，或者拒绝。

因为他们在意自己在别人眼中的形象比在意自己多，在意别人怎么看自己比在意别人多。

他们做的“那么多”从来都不是真正为对方而做，而是为了自己在对方眼中的形象而做。他们想通过讨好、取悦来换取对方的爱。

可是当我们为了得到别人的喜欢，就一直假装，把自己塑造成有礼貌、乐于助人、处事得体、善解人意、优秀、大度等完美的人。这时，就算有人真的喜欢我们了，你也无法相信他们，因为你知道他们爱的只是你的面具，他们爱的只是你假装出来的那个人，而那个人根本就不存在。

所以即使你努力“表演”得来了很多“赞”，你却根本享受不了它，即便你得到了一些，也会很快失去。

然而，在寻求他人爱的过程中，你就已经失去了真实的自己。当一个人对自己没有爱没有信任时，自然就希望从别人那里得到。

悖论却是你是一个连自己都不爱的人，也不可能给予别人爱。你给的可能是讨好，是牺牲，是委曲求全，是伪装，唯独不是爱。而你给予的不是爱，因此你也不可能得到真正的爱。

最终能给出的爱，都来自于我们自己。当我们努力想要得到我们早已获得的爱时，我们就给自己制造了一个牢笼。

关注自我，为自己的生命与感受负责

在很多年前，我看过一本半自传的书，是一个法国人写的。其中记述了一个她自己亲身经历的故事，给我留下了深刻的印象。

那本书的书名和作家的名字我都忘记了，但那个故事却依然令我记忆深刻。

这是一个非常有才情的女人，有一年她认识了一个同样才情洋溢的男人，后来他们相爱了。她从未体验过这么浓郁的爱，她全身心地爱着那个男人，同时也感受到了那个男人对她毫无保留的爱。

在他们相爱的那三年，她的整个世界都有了非同一般的意义——遇见这样一个男人。

她感觉她的生命是从和这个男人相遇之后才真正开始的，她觉得自己是世界上最幸运的女人。直到有一天，这一切突然戛然而止了。

那是非常平常的一天，她在家打扫卫生，这次她想做得比平常更彻底一些，她清理了很多平时忽略的角落，然后她突然发现一个从没有注意过的箱子，还有一把小小的密码锁。

她尝试了几次，竟然把箱子打开了。结果她发现了里面有很多信件，这些信件的内容是她的爱人和另外一个女人的交往过程。

她无比惊讶地发现，这个男人在和她交往的过程中，竟然同时还在和另一个女人交往，而且他对对方的表白和赞美，所使用的词句，都是曾经对她说过的。

可以想象，那一刻，她的世界崩溃了！

她感觉过去这几年自己的幸福生活简直就像一个笑话，这个男人从未真正全心全意爱过她。她过去所有的生活都处在一个谎言当中。

她痛苦到了极点，她离开了那个家，不知道要去哪里，在外面飘荡了几天，最后她决定自杀。

她来到海边，慢慢走向大海深处，当海水没过她的双腿时，也许是冰凉海水的刺激，也许是内在某种神性力量的苏醒，她内心深处突然有个声音闪出一个问题：

“如果这三年这个男人从未爱过你，那么你感觉到的爱是真的吗？”

这真的是一个非常有智慧的问题。她听到了这个声音，停了下来。然后答案就出现了，她只能诚实地回答：那种幸福的、被爱的感觉是真实的，无法否认。

也正是因为那份感觉太美好了，当失去它时才令人无法接受。紧接着这个声音问出了另一个更终极智慧的问题：

“如果那个男人从未真正爱过你，那你感受到的爱究竟是从哪里来的呢？”

她一个人呆呆地站在海水中，思考这个问题，寻找答案。最后，她没有别的答案，唯一的答案就是——这爱的感觉是自己给的。

就在答案出现的那一刻，她意识到所有的感觉都是自己创造出来的，无论是之前被爱的感觉，还是之后被伤害的感觉，还是现在这份超越被爱和被伤害的感觉，统统都是自己创造的。

于是，就在这一刻，这个女人觉醒了！

后来她成为了非常知名的导师和作家，帮助了很多在情感关系中受苦的男人和女人。

就像之前那个一直不相信自己的讲师，她认为她所需要的力量是从别人对她的鼓励和认可那里得到的，然而从头至尾，那份没力量的感觉都是她自己创造出来的，最后那份力量感也一样是她自己创造出来的。

就跟那个法国女作家的经历一样，被爱的感觉，受伤的感觉，到最后彻底从这些故事中获得自由的感觉，也统统都是自己创造出来的！

所有痛苦的感觉或受伤害的感觉，不可能是别人给你的。

这也是为什么同一个事件中不同当事人都会给你讲出各自不同的、属于他们自己的版本的故事。

如果他们会有冲突或者争吵，其实很简单，因为他们都想抢同一个位置，比如，受害者、弱者、被爱者或控诉者这类位置。

一个故事就像一个空间，有无数个位置，你最后选择的位置就决定了你看到什么和感受到什么。而你所看到的，感受到的，最后就会成为属于你的真相，因为观察本来就是创造的一部分。

同样的，你也不要以为那些被爱的、有力量的、成就感、被信任这些美好的感觉是别人带给你的，是需要依赖某个特定的人或事的。

就和被伤害的感觉一样，那个事件或那个人只不过是个媒介，整个过程只是把原本就属于你的力量、爱投射到对方身上，经过二次加工换个包装再拿回来的游戏。

学会把投注在别人身上的期待和注意力收回来，放到自己身上，就是为自己的生命为自己的感受负责的第一步，也是收回力量最重要的一步！

找回“相信”的能量，才能治愈背叛的伤痛

之前我放话，若有留言获得200个赞，我就会专门写一篇文章回答这个问题。现在，我要兑现诺言了！

在上一节“会不会有人天生就内心力量强大？”中，提到的女作家关于爱与觉醒的故事发表后有读者给我留言：

“这篇有点难理解。女作家体验到的爱，难道不是男人的谎言和伪装让她信以为真而获得的吗？那些甜蜜的话、贴心的行为，只不过里面包裹的内核是虚假。伤害可以通过自我思维的改变来消弭吗？比如我深爱的人，在我陷入人生最低谷的时候，没有伸手帮助，而是表现出了置身事外和不耐烦，这种不被在意不被爱的感觉带来的痛苦，可以通过思维方式的改变而不见吗？”

只要你愿意，任何时刻都能体验到爱与被爱

我先来用纯逻辑的方式来探讨一下这个问题。

如果你认为是甜蜜的话语、贴心的行为可以让你体验到爱，那么当你知道对方还同时和另一个人交往之后，对方还是继续在说甜蜜的话，

做出贴心的行为，那为什么你就感受不到爱了呢？

你当然会说，那不一样了，因为我知道那是假的啊！

好，那么显然你推翻了之前的认同，即被爱的感觉并不是语言和行为本身带来的，而是必须要那个语言和行为后面的动力是出于真爱。

接下来问题来了，如果那个男人从未真正爱过，那么在他的语言和行为背后就不是出于真爱。

但你仍然感受到了爱，那么就说明背后的动力是真爱假爱不重要，重要的是你相信那是真爱，你就能感受到真爱。

只要你相信和认同那是你所期待的真爱，不管那份爱里有没有退缩的成分、纠结的成分、害怕的成分、证明的成分、讨好的成分……你就能感受到爱，也就是说，背后的动机是不是出于真爱并不重要。

哪怕没有爱或是很少的爱，但只要你相信那些语言和行为背后有满满的爱，你就能感受到爱。

包括感受到被爱包裹的全部体验，不仅情绪会变化，甚至连身体都会变得更有活力。

你会更开心，更健康，更喜欢这个世界，更喜欢自己，更有创造力，你能体验到那种扎扎实实的发自内心的愉悦感。

所以你看，那种沉浸在爱里的愉悦感，到底是从哪里生发出来的呢？

并没有一份来自外面的爱来滋养你，但你却被爱滋养了，那到底是谁的爱在滋养你呢？除了你自己又有谁呢？

这就是那位女作家在失恋试图自杀时感悟到的秘密——你可以不依赖于任何外力生发出被爱的体验。

也就是说，每个人都有能力在任何时刻体验到爱，只要你愿意，一顿妈妈做的饭，早上起床时的阳光，和朋友一起的相聚，夏天的微风，陌生人为你等候电梯时回以微笑，干净的床单……都能让你体验到爱。

在一些极其微小的事情中体验到幸福，甚至就在这一刻，你就可以！

把握选择权，相信什么都要由自己来决定

当然，我相信有人一定会不甘心就这么简单地被说服，彻底承认自己是生命的创造者而不是受害者。

他们会说，可是我相信是因为对方欺骗我，因为他伪装得太好了。

所以你其实在表达，相信这件事的决定权不在你自己手上，而在别人手上，对方想让你相信，你就会相信。

那当你得知真相之后，对方还是极力对你好，希望让你继续相信，哪怕他对你的好里面真的有爱的成分，你也不会相信了。

为什么你就不相信了呢？你会说：一旦我知道了那是假的，就不能再假装那是真的，他不能再骗我了。

这样你又在说，决定权不在对方手上，在我手上。

所以更核心的问题来了，既然选择相信什么就能感受到什么，那选择相信什么的决定权，你究竟是有还是没有呢？

比如你知道只要身心一致地相信自己很好，很值得被爱，你就会变成更自信，更有力量，价值感更高的人。

但是你却做不到，因为可能在你小时候，你的父母就不断打压你，考试全年级 105 名，他们会说你怎么这么差啊！

你说全年级有 2000 多人啊，他们会说，你怎么不跟好的比啊？你前面有一百多个人，你怎么不跟他们比啊？……

或者用控诉的方式让童年的你背上沉重的压力感：我们只是普通的工薪阶层，供你上这么贵的学校，你就用这样的成绩回报我们，你怎么对得起你爸爸每天这么辛苦？……

又或者他们总是在忙，永远没办法认认真真听你讲话，或者好好陪

你玩一会儿。

你所有的童年回忆里，父母都是面目模糊的，那种孤单和被忽略的感觉已经成为一种背景色，深深嵌入了你的生命中。

我们不得不认清一个残酷的事实：一个人的成长背景、信念系统、历史印记综合叠加所形成的人格模式，在一个人的人格模式彻底被瓦解之前，这个人是没有选择权的。

当你自我价值感低的时候，或者不相信自己值得被爱时，就会因为太渴望爱而把一些挑逗或逢迎当作爱，被一个撩拨成性的人夸赞两句就如同溺水的人抓住木头，飞蛾扑火般扑向这段感情，从而失去自我。

或者即使有人真心爱你，你也会有非常多的怀疑、猜忌，或者自己在关系中裹足不前，在一个安全距离就止步，不敢继续靠近。

又或者在以上两种情况中来回摆荡。

打开生命的视角，把相信的带入实相之中

我有个学员叫芹菜，她告诉我，她特别忍受不了自己的另一半总是忽略她。

比如，她给对方发了一个信息对方很久都不回，她就会很烦躁，虽然理智知道对方可能在忙，不方便或没看到信息，但不舒服的感觉还是会有。

以前她总是穷追猛打，各种施压，各种逼迫控诉。当她在我这里上课成长之后，领悟了很多东西，也发现了自己性格中的缺陷。

有一次芹菜好不容易打开心扉，说了很多关于自己对自己的剖析给对方，期待对方也能说给她一些心底深处的东西。

结果对方收到大段大段的信息之后，竟然选择沉默，不给任何反应，芹菜告诉我，她简直挫败到要崩溃了。

她问我：周梵老师，在这种情况下，难道也有人能感受到爱吗？

我知道她的这个问题是在极端挫败带来无力感时所产生的，与无力感匹配的反应就是失望。

我们会用怀疑的态度来表达失望，怀疑别人，怀疑自己，并深深地质疑整个世界还有没有变好的可能性。

所以我没有在这个问题上回应她，而是帮助她去拓宽自己的视角。

我说：他沉默的原因，很可能是他也不知道该如何反应，他看到你袒露自己，他也很陌生，甚至无措，你能允许他不知道该如何回应你吗？

她说：可以啊，他不知道怎么回也没关系啊，说个不知道也可以啊！

我说；所以你的意思是即使他回个信息说“看到你的信息了，我不知道该说什么”这样也是可以的对吗？

她说：对啊，这样我会感觉好很多，并不会生气或难过。

我说：所以你在意的并不是他回应的内容，而是回应本身对吧？那他没有给回应的时候，你有什么感觉？你不知道他在想什么，这让你有什么感觉？

她说：我不知道他在想什么，这让我感觉很迷茫，很不安。

我说：可是就算他回你“我不知道该说什么”，你还是不知道他在想什么啊！

她说：那不一样。

我问：哪里不一样？

她沉默不语，说不出答案。

我知道这是一个隐藏得很深的渴望，于是直接问芹菜：当他回答“我不知道该说什么”，至少你会感觉他让你知道他不知道对吗？

是的是的，就是这样！芹菜深感认同。

所以，他沉默的时候，你感觉是他不让你知道他在想什么对吗？

她说：对。

我接着问：当你感觉他不让你知道他在想什么的时候，你有什么感觉?

芹菜沉默，眼圈红了，半晌吐出几个字：我觉得我要被抛弃了。

当她说出这句话时，她自己很惊讶，因为她从没如此仔细地探究这个部分。

以前她只是理所当然地想，每个人都会生气啊，却从来没有意识到这个愤怒竟然有这么深这么隐蔽的根源。

隐性的信念系统就会带来这样的人生圈套，当我们没有发现它的存在时，能量在，情绪在，但看不清始发源头，于是只会通过泛化自己的问题来合理化归因。

所谓的泛化问题就是把自己的问题解释成大范围的问题，例如，这个时代的问题，性别的问题，制度的问题，社会问题等。

后来，疗愈师帮芹菜做了一次疗愈，在这个过程中，芹菜突然忆起了四岁那年发生的，一段尘封在记忆深处的往事。

在芹菜四岁大的时候，有一次，妈妈趁芹菜午睡时，没忍心跟她告别，就出差了。

芹菜醒来之后发现妈妈不见了，无论她怎么哭泣，妈妈都没有回来，等到晚上也没有回来。

那种惊恐、愤怒、绝望以及被遗弃等感受被遗留下来，哪怕三个月后妈妈出差回来了，数年之后妈妈甚至已不太记得这件事了，这种感受依然存在。

芹菜成年之后，哪怕表意识中这段记忆已经模糊到几乎空白，但那个体验已经深深地刻在了她的潜意识里，甚至已经成为了细胞记忆。

醒来之后发现妈妈不辞而别的恐惧、愤怒，以及深深的被欺骗被遗弃的感觉，已经变成了芹菜人格的一部分。

所以，如果她在意的人试图隐藏自己的想法，就会引起她极大的不安。对所有的沉默或者不及时回应都会异常敏感，要么割裂，要么就用一切可以控制的手段逼迫对方和自己沟通。

这却会让身边的人备感压力，进而更想逃离，于是芹菜又更深一步体验到被抛弃的感觉。

当“不回应=被抛弃”这个历史印记和信念系统被看到，并从潜意识带到表意识，这个潜意识深处的信念系统就被转化了，她才真正从这套木马程序中解脱出来。

这个时候，她才可能有选择权，去相信自己是值得被爱的，自己在关系中是安全的，也才有可能相信对方的爱是真实存在的。

当你的心从这个程序中获得自由之后，也就有力量给自己的另一半自由了。

当她再表达想对方能及时回应自己时，不会再像过去那样总有种委屈无助的沉重感，而是可以轻松允许的。

对方也不再有被逼迫的压力感，彼此变得更亲密自在了。

我很喜欢因梦说的话：那些更有智慧的人，他不必靠着严重的磨难来觉醒。

但智慧低的人，觉知程度弱的人，他就要靠一个激烈的剧情来唤醒，然后产生一个更正确的反应模式。

每个人的人格中都有各种各样的漏洞，而成长就是借由关系中的各种事件来自我觉察和自我探索。并在这个过程中，收回力量，获得自由。只有自由了，你才可能决定选择相信什么，并把你所相信的带入你的实相之中。

卸下伪装，拓展边界，坦然接纳环境与自我

魏娜近段时间感觉整个人都不好了。

生活中很多地方都开始感到力不从心，她觉得十分疲惫，而她来找我时，告诉我她目前最突出的问题是和家里阿姨的关系。

魏娜和老公梁先生都有各自的事业，从生孩子起家里阿姨就没断过，之前是老家的一个远房亲戚，人实在又知根知底，这几年用得非常称心。因为有这个阿姨，魏娜在孩子半岁之后就去工作了，偶尔还能像生孩子之前一样和老公来一场说走就走的旅行。

而就在一年前，阿姨说儿子要在老家承包一片果园，自己要回去帮忙，就这样辞职回老家了。

魏娜一下子慌了神，周围的朋友一直羡慕她家有个好阿姨，也听了身边无数关于找阿姨以及和阿姨磨合的血泪故事，她听说这年头能遇到个做人做事可靠的阿姨很不容易，还听说这年头闺蜜邻居抢老公可以，要是谁敢动我家的阿姨，这仇就是不共戴天！

魏娜当年听这些段子时心里有多庆幸得意，如今就有多焦虑紧张。

新阿姨来大半年了，其实整体还是不错的，但是随着彼此越来越熟悉，阿姨的一些不好的习气开始显露。

魏娜跟我说的第一件事就是她家阿姨常常跟老家亲戚打电话，一打

就是四五十分钟，以前一个月也就两三次，最近几乎每周都会打两三次这样的电话。魏娜心里是很不舒服的，觉得阿姨占用工作时间打私人电话太不称职了。

我问她为什么不跟阿姨沟通这个事情，她说已经侧面提醒过了，但没有用。我问她是如何侧面提醒的，魏娜说：我在一起吃晚饭的时候我问阿姨她家里最近是不是有什么事，阿姨说没事。结果我这样提醒了根本没用，隔了一天，阿姨又打了三四十分钟的电话。

我哭笑不得，说：你这个侧面提醒也太侧面了吧！

然后我又问魏娜：你有没有考虑过更直接一点跟你家阿姨说，比如直接告诉她，工作时间最好不要打私人电话，如果实在有很重要紧急的事儿，尽量在三五分钟内说完。

魏娜告诉我她不敢说。

"我不在的时候阿姨要照顾孩子，万一惹她不高兴了，对我怀恨在心，对孩子不好怎么办？而且别人会不会觉得我太计较，会不会觉得我很不通人情？"

"而且有时候一想，阿姨一个人孤苦伶仃到这个城市也不容易，就理解理解她算了。她其他时候做事情还是蛮认真的，这样想一想，也觉得干脆算了。"

尊重自己，是维系一段关系的前提

"算了"这个词，是我在个案咨询或者课程上经常听到学员提到的一个词：

算了，她一个女人，我一个大男人，不跟她一般计较。

算了，他工作也挺辛苦的，理解一下。

算了，他不喝酒不抽烟没有任何不良嗜好，也没有犯原则性错误，算了，不折腾了！

我曾经在工作坊里拿一个非常微小，但常常会发生的场景举过例子。

比如一次买午餐时，你的同事请你帮忙一起点一份，你二话不说帮忙点了一份。结果对方都忘了，过了好几天都没把午餐钱给你，你就想当我请他吃饭好了。

过了几个星期，这位同事又请你帮忙一起带午餐，但又忘记给你饭钱。你心里很不舒服，但还是开不了口找他要，怕别人觉得自己太计较太小气，十几二十几块钱的事儿还追着别人要，也怕惹别人不高兴，破坏你们的关系，所以就继续忍着，然后告诉自己："算了，我又不差这几十块钱，无所谓。"

虽然表面上你和这个同事还是会正常聊天说话，但你的心其实已经远离这个人了。

把自己的不满压抑下来不表达是很多中国人相处中的一种模式。很多时候，我们常常因为怕破坏关系，把很多不满吞忍下去，但其实当你吞忍这份不满的时候，你们的关系就已经被破坏了。

之所以不表达，有两个原因：

第一个原因是不想破坏自己在对方心中的好形象。

想维持好人的形象，比如宽容、大气、善良。表达真实的自己总是要冒风险的，比如直接说出"上周帮你买午餐的钱，你忘记了，记得还给我"，就意味着你要暴露自己的某个看似不好的部分，即这二十几块餐钱，我在意，我想要。很多时候人们内心是分裂的，一方面确实在意，但又不想承认自己在意，又想在他人面前保持自己无欲无求的完美形象。

没有勇气的时候，连想要回二十五块午餐钱的自己都不敢接纳。每一组这样的分裂都会产生各种拉扯纠结，小到一份午餐钱，大到在亲密关系中或者亲子关系中坚持自己真正想要的生活方式。

需求，代表着脆弱面。无论是开口要爱还是要钱，只要承认自己的需求，就意味着同时也在表达：我不够，我在意。但一个没和自己的需要和解的人传递出的自我形象是：我没那么在意，我无所谓。这样的自己看起来十分强大。

所以，最好的情况是身边的人能主动猜到你想要的，不遗忘不忽略，这样你就不用主动开口了，他们能直接给你。

再完美一点的情况是你还百般推脱，他们还哭着喊着把你想要的东西给你。为什么那么多成年人天天嚷着希望有个能理解自己的人，但如果真的有人直接说："好呀，我愿意理解你，了解你。你告诉我，你到底想要什么？"这时候，他们反倒会感到愤怒。

"我要的理解就是，不需要我表达暴露自己，你直接给我啊！你还问什么问！"

另外，我还见过一些在关系中的完美好人，他们的人际关系原则是：宁可人负我，我绝不负人。这些人每次遇到彼此需求冲突时，都会选择自己让步。他们的口头禅是：

"我怎么样都行，以你为主！"

他们总能做到无可挑剔，但其实这种人从来没有真正进入过关系，他们关注自己的形象比关注关系更多，他们内心深处其实很清楚，这种让步、隐忍太多之后，自己一定会不堪重负，甚至会憎恶这段关系。

在两个人相处的过程中，彼此的需求必然会有发生冲突的时候，这样的"好人"的首选方案一定是自己先让步妥协。这种让步除了因为不想破坏自己的"好人"形象，还因为有更隐蔽的优越感，即我比你更豁达，更无所谓，更善良。

就像魏娜的故事一样，她觉得自己特别善良，为对方着想，其实只不过是为自己的无能找个有道德快感的理由罢了。

而这种鬼鬼祟祟的头脑把戏终究是承受不住现实检验的。

压抑的牺牲感和委屈会越来越多，只要对方对自己有一点点的不满意就完全无法接受，过去所有的委屈都会变成愤怒。

“你竟然还对我不满意？你知不知道，我忍你很久了！”

“为什么总要我理解你？你为什么不能理解理解我？”

“为什么我总是为你着想，你却从来不为我着想？”

这些话有些会说出口，有些又只是在心里说。无论是否说出口，只要在关系中的这种模式不改变，他们的隐忍克制终将会来到一个临界点，所有过去压抑下来的新仇旧恨桩桩件件都会翻涌上来，这时候内心就会升腾出一股决绝的力量，想彻底分开算了。

真正愿意在关系中有长久承诺的人，会真实地表达自己的需求，也愿意去了解对方的需求，并愿意花时间，耐得心地去商量，去沟通，谈出一个双方都认同且较为公平的方案。

尊重自己的需要，且为自己的需求负责任是不容易的，有时候在僵持的情况下，如何还保持耐心，不轻易割地求和，也不放弃这段关系，既需要强大的耐力、沟通技巧，也需要承诺和爱。

我们无须时刻保持完美

很多时候我们不敢真实表达，除了想维护自己的完美形象之外，还有另外一个原因就是不想承担行动或表达的风险。什么风险呢？比如真实表达之后，小的风险是说了可能会惹对方不高兴，更严重的风险是对方可能会离开自己。

而很多人很难意识到，之所以有这么多的担心，是因为在关系中缺乏基本的信任，低估了别人的承受力。

你会认为这段关系是脆弱的，不堪一击的，一点真相都承受不起，但其实到底是对方承受不起真相，还是你承受不起所以以己度人呢？

无论是不信任这段关系还是不信任对面的那个人，本质上都是不信任自己。不相信自己真的是安全的，是值得被爱的，或者更精准一点儿的表达是，不相信自己卸下那个完美社会形象面具之后，会脆弱的，会计较的，甚至有点儿幼稚的那个真实的自己是值得被爱的。

当一个人内心深处极度怀疑自己时，怀疑就会演变为控制，在关系中最极致的控制就是把自己塑造得完美，通情达理，善解人意……根本不给对方一丝丝挑刺的空间。

而这样的你只会把对方喂养得越来越粗钝，依赖你的胃口越来越大，然后对方不断挑战你的边界，直到来到一个你忍无可忍的临界点，彻底和对方决裂，且再无转圜的余地。

这样的人的每个前男友、前女友、前闺蜜……都会念着他（她）的好，但他（她）绝不会再转身回去，因为为了保持这样的形象而维持这份关系受的伤太多，太疲惫，若不是逼迫自己到绝境上，也不会爆发出这样决绝的力量离开。

虽然失去了这份关系，但至少他们的完美形象保住了，转身离去时能感觉到对方留恋的目光。但只要他们还在玩这个游戏，便可能终其一生都难以对关系，对无条件的爱，对一个人真的可以接受有瑕疵的自己这件事产生信心。

愿你的善良里没有懦弱，接纳里没有伪装

经营一段关系，双方的感受和需要都要被尊重和看到，但无论是以剥削对方为代价，还是以剥削自己为代价，这一段关系都是不可能长久的。

愤怒是因为自己的边界被踩到了，所以愤怒就是一个很好的反馈，

告诉你，你接下来的行动有两个方向，对外工作和对内工作。

一个方向是通过有效的沟通让对方知道你的边界并遵守。

另一个方向是通过让自己成长，真正升级认知，扩大自己的边界。

比如魏娜，她的边界就是：作为雇主，她希望家里的阿姨不要占用工作时间打私人电话；她可以接受的弹性是：如果有紧急的事情需要沟通，3~5 分钟的时间是可以的。

或者，即使对方的行为不改变，也会因为自己边界的扩展，不再产生愤怒。这就是我们所说的真正的接纳和扩展。

真的接纳这件事，看到自己的限制，并真的扩展它。这种内在的扩展带来的接纳是不会在日后反弹的。

但当人们既做不到前者也做不到后者的时候，就有了假性接纳，就是找理由使之合理化。这种合理化的把戏无处不在，让我们变成了忍耐痛苦的大师。

它就像麻药一样，暂时抚平了自己的情绪，而这个情绪本该指导你去行动，去捍卫你的边界，或者提醒一些关于你自己的需要关注的内心世界。

但因为觉知力的深度不够，或者内在勇气不够，力量感不够，有觉知的行动拿不出来，于是假性去理解对方，这样就暂时消解了自己的愤怒，也成功避免了行动。

用这种极其隐蔽的方式将自己的情绪合理化，因而理所当然地不去触碰自己的愤怒或恐惧，就这样在关系中积累了越来越多的暗雷，这些暗雷会彼此牵扯彼此加强，迟早有一天，会由一件小事做引子，把过去的林林总总连本带利爆发出来。

愿你的善良里没有懦弱，接纳里没有伪装，可以真实坦然地面对自己和自己的世界。

面对幻灭感，如何走出自我怀疑的黑洞

在我们的生活中，到底什么是真实的？

我有一个个案案主，名叫梅。梅告诉我，她结婚二十年，一直对她宠爱有加的老公突然说太累了，要结束这段关系，而且接下来不回家，不见面，不接电话，不回信息。

梅一直觉得先生最大的特质就是心软善良，但没想到这个和自己一起生活了二十年的男人竟然有这样狠心的一面。

她说："以前我以为我很幸福，原来这个幸福是假的。之前我一直以为我对这个人很熟悉，到今天我才发现，我从来没有真的认识过他。"

当然，这种陌生感也会不可避免地蔓延到她过去这二十年和这个男人在一起的回忆和感觉中，如果身边这个男人都变得不真实了，那么过去和他一起的生活也同样显得很像一场幻觉了。

她不仅对自己身边的这个男人，包括对自己的婚姻，甚至对过去的人生，都产生了巨大的幻灭感和自我怀疑：

我的生活中，到底还有什么是真实的？

有时候我的个案案主或者学员常常会对我说这样的话：

我以前很自信，但现在不了。

我这个人以前挺乐观的，但现在变了。

我以前很相信别人的，但现在不了。

通常，这些话后面会跟一个故事，一般是关于经历某种挑战后失败的故事。

也许是情感上的挫败，也许是事业上的，比如突然发现过去一直对自己宠爱有加的伴侣出轨。

或一直都死心塌地对自己，认定无论如何都不会离开自己的那个人，竟然突然毫无征兆地提出分手，且决绝坚定，毫无转圜的余地。

又或者事业上一直出类拔萃且成绩斐然，但不安于现状，离开原来觉得游刃有余甚至都有些无聊的工作平台后，摩拳擦掌准备大干一场，结果频频遭遇挫败……

又或者用心培养，共同经历了很多风雨的创业团队的背叛……

不同的是，类似的遭遇，有些人已经经历过了，有些人还正在经历。

相同的是，他们都会经历被这样一件事冲击得晕头转向后，失望又无奈地发现这个世界的运作方式和自己过去以为的完全不同，也发现自己和自己过去以为的完全不同。

自己远没有自己以为的那般能干、强大、完美、坚强。

这个世界也根本不在自己的掌控之中，甚至以前的掌控感都可能是个幻觉。

然后，突然一切都崩塌了。

原来自以为很了解熟悉的人，也许自己从来没有认清过，感到无比的陌生。也突然发现，自己其实也并不了解自己。

你所有自信、力量感及安全感的来源，全部都坍塌了。

接纳幻灭，是我们不得不面对的窘境

通过我沟通的数千位来访者中，可以把原生家庭给孩子的爱分为两大类：

一类原生家庭给予的是教官式的爱。

孩子生活在严厉的，生存压力、竞争压力很大的环境中，很少得到真正的认可，无论他们怎么做都不能让父母真正满意。

永远都要更努力、更懂事、更优秀，要比身边的人强。例如兄弟姐妹，或者那些传说中的别人家的孩子。

只有这样，他们才能获得资源，这些资源可能是美味的食物、玩具、教育资源、爱、关注力、陪伴的时间，等等。

这样的孩子长大之后，无论取得了多高的成就，内心始终是焦虑慌张的。他们的自我怀疑是高频的，是多方位全覆盖的。

另一类原生家庭给予的是奶妈式的爱。

孩子从 2 岁到 30 岁都会“宝贝”“宝贝”地叫着，在这样的父母眼里，孩子永远还小，永远还没长大，他们会从大事到小事，事无巨细地为孩子操心，帮孩子安排，为孩子做决定。

孩子闯了祸，他们会帮孩子收拾烂摊子，虽然嘴里可能埋怨着，但下一次再有事时，依然会勤勤恳恳地去帮孩子擦屁股。

他们会尽其所能把孩子保护得密不透风。

这种环境中长大的孩子，表面上很幸福，但一直生活在父母创造的培养皿中，没有机会去真实的世界中历练体验。

虽然他们表面看起来自信快乐，但是这种自信和快乐是经不起风雨的。

当然还有第三种类型，即混合套餐型，即家庭中有人扮演教官，也有人扮演奶妈。所以成长在这样家庭中的孩子，两种特质都有。

我的案主梅的原生家庭，比较倾向第二种类型。

第二种家庭中长大的人，身上都有种不谙世事、天真浪漫的特质，很纯净简单。

不得不说，这种特质还是很吸引人的，让人很容易生出保护欲，想永远守护这份纯真。

所以这样一类人长大之后往往会被一个有保护欲或者拯救情结的伴侣接纳，伴侣会接下对方父母的衣钵，继续保护照顾他们。

而在教官式的家庭环境中成长起来的人会非常理性，他们会和人保持距离，会认为世界是残酷的，他们的压力很大。

在教官式的爱中养育大的孩子会习得一套价值观：只要你拥有更多的筹码，你的生活就会变好，就不会有其他问题了。

比如只要我勤奋、努力、鞭策自己，达到了某些条件（考上名校，得到了某个职位）或拥有了某些东西（收入、技能），我就更好，更值得被爱，身边的人就不会离开我。

第二种原生家庭里成长起来的人则会葆有对这个世界的许多浪漫幻想。

我见过很多已经四五十岁的人，身上依然有小女孩、小男孩般的简单以及对世界的浪漫幻想。

但他们和罗曼·罗兰说的真正的英雄的理想主义，即认清生活的真相之后依然热爱生活，是不同的。

罗曼·罗兰的英雄主义很接近肯·威尔伯在《意识光谱》里说的超理性（或者叫后理性），是看到人性中的阴暗面之后依然能对人性饱含希望，是大量理性的思辨和洞察之后，超越理性的对生命的浪漫和热爱。

这种后理性的浪漫是有强大的理性打底并超越理性的感性。

而生活在“培养皿”里的天真浪漫不同，它建立在对世界的幻想中。就如同生活在大观园中的贾宝玉，见到杏花凋谢结出小杏果，知道邢岫烟要嫁给薛蝌都会伤感舍不得，花谢了，姑娘嫁做他人妇，乌发如银，红颜似槁，让他无限伤感。

这样一类人，对自己、对世界、对他人的爱都只给自己心中想象的样子，而无法去爱一个真实的有缺憾的世界。

他们看到花败花开、美人色衰、英雄迟暮会无比伤感，当他们发现强大的人原来也十分脆弱，原来以为亲密无间的好朋友或者家人也会自私计较……

他们会大惊失色，进而失望至极。

你们怎么可以这样？天啦，你伤害了我，你辜负了我，你好无情无义！

然后感觉一切都好幻灭，觉得自己以后再也不相信爱了。

其实，那本就是世界真相的一部分，只是过去没有机会看到这一面。所以当有一天看到世界残酷的一面时，过去建立的所有稳定的幻想世界都松动了。

无论是第一种自以为能掌控世界的筹码失效，导致当事人开始陷入巨大的怀疑，还是第二种发现自己对世界、对他人的认知破灭陷入巨大的幻灭感，都是生活中无法避免的时刻。

因为他们原本对世界的信任和美好感受就是儿童式的浪漫主义，是在缺乏对世界的完整观察和完整体验之前的单方面的幻想。

这个梦幻的泡泡在某一天一定会破灭的。

这个阶段很痛苦，尤其如果你是第一次经历这种“命运”的碾压，会体验到巨大的无力感和渺小感。

如果冲击度太大，有些人会在这个时候进入“灵魂的暗夜”。对世界，对人生，对自己，对爱，对生命，对所有的存在都充满怀疑。

所有的意义都找不到了，所有的动力都消失了。

不想吃饭，不想起床，不想洗脸，不想出门，不想工作，只想瘫在那儿，瘫成一摊泥，就这样瘫下去，再也不起来。

有时候人们会认为这是抑郁症的症状，但这是病理学的观点。它不错，但这是狭义的视角。

打碎人格背景，才是真正的自我超越

其实这是一次极其重要的成长机会，它让你有机会重新看清自己。

你以为的自信可能只是盲目和傲慢，但也只有经过剧烈的自我怀疑，才可能建立真正的、根基深厚的自信。

生命中经历几次极其剧烈的怀疑是很重要的。

如果一个人从来都没有质疑过自己，这是件非常糟糕的事情。

永远认定自己是正确的，是不容置疑的，出现任何问题都是别人的错、社会的错、体制的错，又或者是八字不合、星座相冲、时运不济、命运不公……总之自己永远是无辜的，是正确的。

这样的人是很可怕的，也是很悲惨的。这代表着这个人内心是一个封闭的自我系统结构。

外界的事件、信息的冲击都无法让这个自我结构松动。

所以，无论他受多少痛苦，都不过是白受，因为他无法借由这个事件、体验来看清自己，来萃取这个痛苦中的价值和养料，进而支撑自己的成长。

所以，如果你正在经历自我怀疑，请不要气馁，你要相信，这不一定是件坏事。

当然，我这里说的自我怀疑，不是诸如和他人攀比导致的不平衡，或者习惯性地在脑中想象别人如何看待自己的自我怀疑。

我所说的自我怀疑，是指经由一些有意外性、冲击性的事件带来的认知上的冲击之后产生的自我怀疑。

在我看来，这个过程绝不仅仅只是生了一场精神或心理的疾病，而是一次进化个人意识的契机，是打破内在意识框架再重建的过程。

重建和修修补补不同，修修补补只是在原来的维度上增加些技能、工具或者知识，而重建是彻底打破原来的框架。

实现自我成长，有时候积累叠加就可以，而有时候需要跃迁。

换句话说，在实现自我成长这条道路上，有时候按自己的节奏往前走就可以了，有时候则需要纵身一跳。只不过有些人是主动跳下去的，有些人是被推下去的。

自我怀疑是打碎自己过去的人格背景，升级重建的过程。

但是很多人只是打碎，而没有重建。这样的人会变成一个彻头彻尾的虚无主义者，他们将变得不相信任何东西。不相信人，不相信爱，不相信自己，不相信世界，什么都不相信。

还有人会变成纯粹的物质主义者，除了物质、金钱和身体本能的欲望快感，他们认为什么都不必当真。

既然什么都抓不住，那就彻底堕入感官愉悦中吧，至少这是真实的，可靠的。

所以，经历怀疑、幻灭之后还能在废墟上重建新的、更完整成熟的自我意识结构，需要有足够深刻的觉知、勇气和自省，而不是轻易地降低生命标准，放弃爱，放弃关系，甚至陷入愤怒或报复中。

当然，这种自省的能力也不是每个人天生就具备的，而是需要长时间的学习、成长和自我觉知洞察的训练。

如何知道你的自信和力量感是扎实的，眼界是足够广阔的？

见过了许多超越你原来认知的人、事、物之后，经历了挫败和坍塌之后的虚无和巨大的自我怀疑之后，能在这片废墟上再次建立对自我的信心。

同时还有对未知的敬畏和好奇，对待他人时，能用超越他们身份、标签的尊重和平等的心。

没有经历过自我怀疑的自信都是口号式的自信。

任何稳定的力都需要有拮抗的两股力量：笃定里包含不确定，不确定里有笃定；自信里有谦卑，谦卑里有自信；希望中有困苦，困苦中也有希望。

体验到这些，看清这些，还义无反顾地往前走，还愿意相信那些美好的东西，这样的你就已经是自己生命中的英雄了。

生命本就是一个不断投入的过程

谈恋爱和投资创业本质上没有区别。

我曾经接触过一些案例，无论是伴侣出轨，还是和前任分手，当事人都有同一种情绪——不甘心。

下面就谈谈不甘心吧。

有积累，才会有获得

建立亲密关系、投资或创业，这三件事都需要投注你生命中很重要的资源：时间和注意力，还有不同数额的金钱。

恋爱结婚这一件事还和爱有关，而爱的本质其实也是注意力，只是它的浓度更高、质地更纯粹而已。

只要是投资就会有风险，当然也会有收益。而收益又和时间有关，和预期有关。

婴儿是不会投资的，因为他们尚且没有时间的概念，没有过去和未来，他们的每一刻都在当下。所以当妈妈从房间离开，小宝宝会如同被抛弃一样哭得伤痛欲绝，因为对宝宝来说，这一刻的离开就是永远的离开。

一两岁的孩子会在家人反复说着“妈妈去上班，下午就回来了”时依然哭泣不止，因为“下午”这个概念对这个阶段的孩子来说非常陌生，他们的心智暂时还无法理解这个时间概念。

下午，家门打开，妈妈出现了，又回到了孩子所处的房间。这样的体验多次发生之后，孩子才会慢慢认知到“未来”这个概念。

同时信任自己的未来，慢慢形成从世界获得安全感的能力，相信在未来的某个时刻妈妈一定会回来的。

这个阶段，孩子因为内心有对未来的确定感，从感官能感知到的不确定的世界（妈妈会消失、食物会消失、玩具会消失），转变为能接受当下的不确定，心神没有崩溃掉，内心依然稳定，是非常重要的心智发展的里程碑。

然而随着我们的成长，我们的心智会进入下一个阶段，我们会意识到可以通过暂时的损失投入，收获一个更好的未来。

就像第一个把种子留下来，种进土里，等到来年再收获农作物的人一样，开始有了投资意识。

例如接受九年义务教育，例如上大学、考研，包括为了减肥跑步、调整饮食。

当然，你不会因为今天跑了三千米，或者晚上少吃一顿饭，明天立刻就瘦一斤。也许你饿了一晚上，第二天一早站到体重秤上，会发现减掉的体重连 100 克都不到。

所有的投资结果一定是滞后反馈的，你需要持续累积到一定量，才能开始有明显的肉眼可见的收益。

摒弃偏执与妄念，投入需要理性

那建立一段关系呢？

建立关系当然也是一种投资。和纯粹的财务投资，获得金钱收益不同，一段亲密关系能提供给我们的价值要更加多元和复杂。

我们渴望通过稳定的关系来对抗孤独，对抗世界的动荡，对抗一个人力所不能及的时刻，我们还渴望通过一段亲密关系来体验到生命的丰富性和完整性，获得给予爱和被爱的感觉……

一份好的亲密关系能获得的远不止这些。

一段关系中最大的风险就是：一颗心全情投入，同时用物质做载体表达自己的爱，花钱送礼物，还让对方进入自己的重度关系圈，彼此的生活、人际关系深度绑定。

如果这种重投入之后关系崩盘，我们面临的至少是情感、经济和名声的损失。

当两个人的关系出现裂痕，冲突越来越多，处在这段关系中的自己越来越不开心，甚至会觉得煎熬痛苦，这时我们就面临两个选择：

第一个选择是继续追加投入，再次给出承诺，修正自己在关系中破坏关系的模式，重新经营它。

第二个选择是割肉止损，彻底分开，为自己创造一个重新开始的机会。

其实这两个选择都没错，但很多人会选择第三条路。即什么都不做，维持着，消耗着，心存侥幸地拖着，期待时间长了关系会慢慢改变。最后把所有的情感和体面都耗尽，积蓄足够量的痛楚和愤恨作为动力来源，推动自己再走第二条路。

虽然最后结果都是分开，但在第三条路上徘徊太久，彼此消耗之后的分离是会令人元气大伤的。

长时间的消耗造成了心理能量的巨大亏空，需要修复很久才能重启下一段关系，甚至即使进入了新关系中仍会心有余悸。

无论是经营一段关系，还是投资创业，所有人从菜鸟到高手，再到大神级别，都会经历无数次失败。

然而，同样是在关系中经历挫折，为什么有人能稍做休整就重整旗鼓，表现得比上一次好，越来越成熟，而有的人却把自己陷进一段关系中无法成长，也无法挣脱，纠葛反复，身心俱疲，最后把自己搞得心如死灰？

因为前者从损失中认清自己的局限，反思并纠正，后者从损失中感受到的则是受害和不甘心，然后带着侥幸心理再盲目投入。

这就像自己持有的股票一直亏损，明明亏损已经超出自己的承受能力，却还想补仓，跟股市较劲，不相信自己会错，不甘心自己的损失，最后把小损失硬是拖成不可弥补的大损失。

这种心态就是赌徒心态，这类人也叫疯投者，即疯狂投入者。疯投者如果不改变自己的模式，在任何领域都活不过三轮。

疯投者通常也是妄念泛滥的人，他们习惯活在自己的幻想当中。

在一段关系中历练，认清真实的自己

欣微曾经就是一个疯投者，她在关系中最常体验到的感觉就是不公平感和亏欠感。

欣微 4 岁时，父母就离异了，之后一直是爷爷奶奶带大的。后来父亲再婚，母亲也消失在欣微的生活中。欣微直到 19 岁才再次见到生母。

欣微从小就感受到深深的孤单感。她曾经质问妈妈为什么这几年都不去看她，妈妈解释说是奶奶阻拦不让自己去看，欣微还因此恨过奶奶，后来得知奶奶从来没有阻拦过，妈妈只是不愿意去而已。

童年时孤独无助的感觉让欣微对母亲既怨恨，又渴望得到母亲的爱和关怀。

在一次个案咨询时，欣微告诉我，下个月想带着孩子去看妈妈，而就在上周她刚刚和妈妈在电话里大吵了一架。

我很意外，问她：你和妈妈的关系现在这么紧张，你心里对她还有这么多怨愤，你为什么想带着孩子去看她？

欣微说：我觉得和妈妈和解，感受到她对我的爱，对我很重要。

我提醒她，从你和你妈妈目前的关系来看，带着自己的孩子去探望妈妈，是一个巨大的示好动作，而且这意味着你要让你的孩子认她这个外婆。

你对妈妈还残留许多愤恨没有释怀时，就要再给她外婆这个身份吗？

你确定你要把你的世界打开这么大，让她进入吗？

你确定如果你做了这么多，她如果没有给你预期的反应，还是继续让你失望，你依然愿意承受吗？

欣微愣住了，说：我没想过这么多。

我笑了，说：你是不是在准备带孩子去之前脑子里出现过一些画面，而且多半是温馨的诸如祖孙相认让你妈妈很感动，然后你们在一起温暖和谐的画面？

欣微惊讶说：是的是的。周梵老师，你怎么知道？

我继续问她，这些画面是有极大可能会发生的，但是也有可能你们聊着聊着，你又旧事重提，你妈妈又开始解释甚至责备你，最后你们不欢而散，你愤恨地带着女儿离开她家。事情演变成这样，你会是什么感觉？

欣微沉默了。

我接着说：你会不会很懊悔？甚至产生更深的被辜负、被亏欠的感觉？或者感到巨大的委屈和愤恨？

欣微点头说：肯定会的。

我告诉她，如果是这样，你就不要做这件事情。

很多人都和欣微一样，太想在关系中获得归属感、亲密感，于是会不计成本地付出妥协，会做一些行动去达成这样的愿望。

而他们在实施这个行动的过程中，并没有看清楚自己的承受能力，而是带着头脑中想象的美好画面就去做了，一直付出，对对方好，做完之后对方没有给出期待中的反应就会受挫，甚至受伤，感到被辜负。

在这个循环中他们透支了自爱、尊严、自信，最糟糕的是失去了对人性的信任，失去了对人与人能建立一份美好关系的信心，只感觉到人间凉薄。一颗心变得越来越冷，越来越麻木。

其实这种任由自己在一段关系中不计代价地投入不幸受伤的行为，本身也是不爱自己的一种表现。

最后无论是割裂关系还是把自己孤立起来，受损的都是自己那颗最宝贵的心。而这颗心是你自由行走在这个世间所有活力和爱的源泉水。这颗心一旦枯萎了，你的世界也会变得黯淡无光。

后来欣微没做这件事，她开始决定要爱惜自己的羽毛。

守护好自己在每一段关系中的感受，不急于抓取在关系中所渴望的东西，也不再像个赌徒一样，带着侥幸和妄想盲目付出，除非自己想清楚了，能负责，能平和地接受对方的任何反应。

不在一段关系中历练，不在一件事情中历练，我们是不知道真正的自己的。

既不知道自己的局限，不知道自己的潜力，也不知道底层支撑自己行动决策的价值观和信念系统是如何运作的。

对过去释怀，让今后的人生圆满

在开始投入的时候，我们对自己的承受能力往往是模糊的，对自己付出的动机也是模糊的。

在一段关系中，人们愿意付出投入，是因为在当下他们想这么做，这么做可以让自己感觉更好，更有面子，更符合内心的自我形象，更有希望，于是就这么做了。

但是，当事情的走向和预期不符，当我们有需要的时候，对方却“只想着自己”，不愿意给予我们当初期待的回报。

这其中只有一个原因，即你不够强大和温暖，你没有让对方感觉到和你在一起未来可期，没有让对方觉得有足够的动力值得在当下冒险投入。

只有温暖却不强大，这多半是讨好和懦弱，还有遵循某些社会身份中的刻板规则，规规矩矩地恪守着。

这样的人自然是索然无味而且缺乏魅力的，他们的付出被轻视、被忽略，也就不足为奇了。

只有强大却不温暖，这个强大多半是自负和算计，只会锋芒逼人。

你过去的每一次投入都携带着隐蔽的优越感，都在关系中明示或暗示着自己债权人的身份，甚至贬低、忽视对方的付出，这让你身边的人都感到压力重重，如履薄冰。

投不投入是个选择，如何对待自己的投入也是一个选择，如何面对自己投入之后的各种结果依旧是一个重要的选择。

而无论选择什么，“认”很重要。

很多人会说：

我 4 年宝贵的青春啊，就这么给他了。

我人生最好的时光就浪费了。

为什么这几年我们一起所有的开销都是我在承担？

为什么我为他 / 她做了这么多，我让他 / 她做这么一件小事情他 / 她都不愿意？

你看无论我们如何表达，争的都是时间、情感（注意力）和金钱的对等。

当对自己的这些损失感到不甘心时，人们往往会做一些愚蠢的决定：自毁式的报复，更容易被诱惑，或者反复咀嚼伤痛，拉人站队，结果满身怨气，陷得更深。

其实在失败和损失中能获得成长并快速崛起的人，和在损失挫败中掉入赌徒心态越输越多的人，最大的差别就是一个字：认。

这个“认”有两个维度：接纳事实、接纳自己。

接纳此刻发生损失的现实，不要去想：

不应该这样。

本来没必要损失的。

早知道会有今天，当初就应该如何如何。

这些对过去的假设，和对未来的幻想一样，也是妄念。

发生了就是发生了，这个就是当下的事实。

《原则》的作者，桥水基金的创始人达里奥说：“做一个无比现实的人。”

活在此刻你的现实中，你才会产生真正的能量，改变现实。

无法接纳现实还有更深层的原因，就是无法接纳处在这个现实中的自己。觉得自己明明应该做得更好，最后不应该是这样的结果，或者对方不可以这样对待自己。

被现实打败的感觉本质就是妄想破灭。因为你心里有一个针对自己的标准，但是现实中你并未达到这个标准。

痛苦的根源不在于被现实打败，而在于现实的情况未能满足你自己心中的标准。

曾经的每一个选择，都是在那个情景下的你动用自己的最高智慧、尽最大能力做出的最好选择。

我们的智慧和力量一定会不断增加，而增加的速度往往和我们认清并接纳自己笨拙和无能的程度有关。

生命就是一个不断投入，然后拿到结果反馈的过程。

无论是亲密关系还是和金钱的关系，二者都一样。不要怕输，不要怕损失，输只是因为自己还太稚嫩。每一次的结果都是过去的那个你注定要体验到的，你也需要借由这个现实结果来自省和成长。

你能失去的都是你承担得起的。不甘心会把我们的能量一直胶着在过去，也会强化自己无力掌控未来的虚弱感。

当我们愿意“认”的那一刻，力量感就会生发出来，我们最宝贵的注意力就开始投向创造和成长。能释怀的过去变得广阔，我们就能以此刻为轴心，在未来画下一个更美好、更广阔的生命之圆。

求助不等于索取，你值得无条件的爱

求助不等于索取

你的生活之所以过得辛苦，不是因为生活本身如此，而是因为你不会求助。没有求助力，你的生活注定会很辛苦！

对时间的焦虑源于时间的匮乏，在生活中，我们之所以无法释放更多时间，是因为我们缺乏四种核心能力：联结力、求助力、决策力、平衡力。

本文中，我们主要来谈一谈求助力。

在谈求助力之前，我们必须先区分一下求助和索取。人们常常误以为求助和索取是同样的东西，但其实两者有着天壤之别。虽然都是在表达自己的需求，但内里携带的根本是两种完全不同的能量。

就好像溺爱不是爱，老婆饼里也没有老婆。当我们听到一个词的时候，往往以为自己已经完全了明白对方所表达的意思；很多文字被我们误用在相同的场景，但它们所表达出来的却是属性完全不同的事物。

很多人的求助力之所以丧失，往往是因为他们曾经表达过自己的需求，但是却没有得到满足。数次挫败导致的心灰意冷，带来的是决绝的孤立，他们最终得出一个结论：这世间如此凉薄，终究还是要靠自己。

因为有这样的认识，他们便奋力鞭策自己变得强大，说服自己不向别人求助。他们用疯狂的工作或学习压制内心的孤独，即便有一天他们得到了一些世俗的成功，也始终无法抚慰他们疲惫的身心和孤独的灵魂。

只是因为，他们从一开始就混淆了求助和索取。索取会引发他人的反弹，而求助不会。

索取通常是带有操控性的，最常见的模式有三种：

道德绑架：你这么有钱这么强，你就应该帮我，不帮我就说明你冷血、虚伪、人品有问题。你是孩子的爸爸啊，你就应该多回来陪陪孩子啊！我无所谓，但孩子需要爸爸。你这样还算个爸爸吗？算个男人吗？……

交易绑架：我为你付出了这么多，牺牲了这么多，你帮帮我怎么了？为什么我可以为你做到这些，你却不能为我做到？……

情感绑架：你还说你爱我，如果你真爱我，真在意我，那你就会帮我。我只要求你做这么简单的一件事，你都不愿意，我很怀疑你对我的感情。……

索取的人在提出需求时有着极大的不安，内心深处的低价值感让他们无法相信自己只要真诚真实地表达需要就会被看到被应允，所以他们往往会为自己的需要拼命附加理由和筹码。

自我价值感越低，就会对别人的态度越敏感，往往会把建议当作批评，把拒绝当作否定。

他们会极度害怕被拒绝，却又会不由自主地假设别人肯定会拒绝自己。基于这种假设，他们在提出需求之前会拼命地寻找筹码，把自己的需求进行层层包装把它合理化。

于是，我们就看到很多人会把好好的话说得很难听，说着说着就吵起来，无意识间把求助变成索取。往往越心虚就越需要用道德、交易或者情感来包装自己的需求。

每个人都可以被无条件地爱着

接下来我们来谈谈求助力的三个关系维度：亲近他人、亲密他人、专业他人。

很多人不敢求助是觉得这样是在给别人添麻烦，其本质是对自己没有信心，对与对方的关系没有信心，对自己值得被爱没有信心。

对于亲近他人，例如朋友、邻居、同事、同学，我们又希望维护自己的社会人格，表现得坚强，不愿意暴露自己的脆弱，让他们以为我们一切安好。

而面对亲密他人，比如伴侣、孩子、父母，人们通常容易在这两极来回摆荡。当我们不相信自己值得被爱时，就压根儿不敢求助，靠自己苦苦支撑，苦苦煎熬，也不愿意去求助。不然就是熬到极限后，又带着愤怒和责备去索取帮助。

这样的人内在有个极其隐蔽的信念——我不可能被无条件地爱。只有我有用，我才有资格被爱。

一旦这种信念系统形成，那么，你不仅对自己是这种模式，对别人的需要也会很自然地带有这种认知，他们会习惯性地把满足对方一件事和要求对方完成另一件事混为一谈。比如对孩子说："你还想出去玩，这次考试考这么差，你还有心情想出去玩？"

所以，这样的人很容易习惯性地在别人提出需求时，趁机表达对对方的失望，并且借此提出条件。

我想起有一次带孩子去公园玩，看到一个妈妈对她大概 10 岁的儿子说："哎呀，儿子，那个地方不错，你去那边，我给你拍张照片。"

然后儿子说，“可以，但你要把手机给我玩一会儿。”那个妈妈听了，气急败坏地说：“我给你拍照，你还提要求，我不给你拍了！”

儿子无所谓地吐出几个字：“不拍拉倒！”说完就跑了。

我看着这一幕，觉得好悲哀，这个妈妈过去一定无数次在孩子提出需要的时候，不放过任何一次机会搭售自己的条件，然后活生生地把无数次彼此流动爱的机会，变成一场算计彼此手中筹码的博弈。

当我们因为低自我价值感导致不会求助的时候，还会伴有一个模式。很多人在为别人表达需要时，往往是理直气壮的，会非常顺畅自然。而一旦这个需求是为自己提的，他立刻就蔫儿了。要么根本说不出口，要么就会用各种方式粉饰自己的需求，或者把它包装成是别人的需求。

比如很多女人希望丈夫回家的陪伴或者支持，常常不会以妻子的身份去提出要求，而是以母亲的身份去要求，比如前面提到的这句话：

“你是孩子的爸爸啊，你就应该多回来陪陪孩子啊！我无所谓，但孩子需要爸爸。你这样还算个爸爸吗？算个男人吗？”

这里就有用身份去胁迫对方的能量在里面，这种能量一旦启动，听到这番话的人就很容易感受到被控制和被责备的感觉，那么他启动防御机制也就变得自然了。

防御机制一旦启动，就会变成两个人阴影人格的博弈，两个人最脆弱的部分同时被触发，彼此都进入害怕被指责，极力证明自己的无辜和正确的状态。这个模式一旦启动，彼此的爱和信任就会不断被消耗。

接下来就是愤怒和失望，疲惫无力的隔离或逃避。

真正的求助是不会让这个机制启动的，求助里没有胁迫或责备的成分。如果这个女人经由学习成长，内心更为强大，自我价值变高，那么面对同样情况她就可以发挥更为纯粹的求助力，她可以说：

“近段时间我一个人带孩子，觉得有点累，很多事情我一个人搞不定，我很需要你的帮助。而且最近你很忙，我们都好久没有在一起好好待一会儿了，我挺想你的，想你能早点回家陪陪我。”

这种沟通完全只是表达个人的需要，没有携带任何用身份、道德或情感绑架他人的成分，自然也不会引发对方的防御机制。

有的人可能会说，如果我这么说，别人还是拒绝我呢？试问，难道你用胁迫或者加诸许多道德、情感的压力进去的指责来表达需求，就能保证对方一定会满足你的需要吗？

不仅不能，反且一定会引发很多负面事件，带着“你不能拒绝”的预设去提出需要，本身就是幼稚且危险的。

真正健康的亲密一定是有边界的，如果一个人在你这里根本就没有拒绝你的权利，那么就等于你剥夺了他（她）尊重自己、爱自己的权利；而一个人如果不懂得如何爱自己，那他（她）给予你的也一定不是爱，也许是讨好，是交换，是压抑，是补偿。

无论他（她）看起来对你多好，他（她）给出的都只是爱的仿制品。爱的仿制品和真爱最大的差别就是：前者经不起时间的考验，苦苦支撑一段时间，虚弱的自我必定会逐渐败露；而真爱能在时间中沉淀出更为醇厚的质感，历久弥新。

另一方面，一个人在你求助之后愿意帮助你的程度，除了你当下求助的方式以外，还取决于你们过去的历史。

举一个关于我和我孩子互动的例子，我的大女儿四五岁，晚上我给她准备了洗漱的热水，叫她来洗，但是她一直在玩玩具，叫很多遍都不来。

遇到这种情况，很多家长就会失去耐心，习惯性地提高音量，用愤怒的情绪给孩子施压，让他们过来。但是这种方式也是另一种形式的索取，而且长此以往不仅破坏亲子关系，还会让孩子也学会这种一旦沟通失败就丢情绪的模式。

所以，遇到这种情况，我会对孩子说：

"宝贝，妈妈已经叫了你五遍了，我一直站在卫生间的门口等你过来洗，我腿都站酸了，你可以快点过来吗？"

然后女儿就会带着歉意对我说："好的，妈妈，让你久等了，我这就来。"然后放下手中的玩具跑过来，配合我给她洗漱。

这就是改命令为邀请、改胁迫为求助的方式，孩子因为爱你，所以愿意配合你。

我没有释放任何责备的情绪，没有说她不乖、不配合，只是以个人的立场表达我的感受和难处。这样的表达不会引发任何反弹或冲突，她也会非常愿意配合我了。

结果就有学员回来跟我说："周梵老师，我回家也这么跟我孩子说的，我说我腰也酸了，腿也疼了，结果他理都不理我，还在那儿自顾自地玩。这个方法根本没用啊！"

我想说：这——真——的——很——正——常！

就像同样的药，你的体质好，吃一副就能见效，而另一个人因为身体太虚弱，吃三副都不见得能看到效果。

在过去，这个妈妈和孩子的关系已经有了许多的冲突、矛盾，消耗了太多的亲密感和爱，孩子很多次都在妈妈那里感受到被胁迫，被否定，他心里还有很多对妈妈的愤怒和失望。

因此，他当然不可能因为你一次不带胁迫的表达就立刻冰释前嫌，忘记埋藏在心里的所有委屈，义无反顾地奔向你。

这次的表达只是没有再累积新的伤痕而已，最多只能算没有继续破坏关系，你还需要做大量"灾后重建"工作，把过去使用负面方式沟通带来的伤痛都抚平之后，才可能在这个基础上去建设美好新世界。

教会别人帮助你，也是每个人需要学习的

我们的所有关系会是今天的现状，都是我们过去无数次说出来的话及做出的行为累积至今的结果。曾经发生在你们之间的事情在彼此心中留下的痕迹，不可能凭空消失。

过去的问题累积得越多，越久，所面临的清理重建工作量自然就越大，时间也需要更长。如果没有这样的耐心去慢慢重建自己和重建过去的自己所带来的关系，试图模仿几句话就搞定一切，这是不可能的。

如今的中国人真的越来越有钱了，但却比以往任何时候都感到孤独和疲惫。因为我们身边缺乏足够的支持系统。

很多中国人都极度缺乏求助力，尤其是对专业他人这个维度的求助力，一方面对别人的眼光、面子等社会形象非常在意，同时对专业性服务也缺乏足够的认知。

比如，很多人即使感受到自己有抑郁倾向、过分焦虑或身心疲惫等情况，也很少会去找专业的心理咨询师。在过去的几十年中，亲戚、朋友、邻居、同学、网友、性工作者等，替我们做了很多抚慰心灵的工作。

有人倾听总比一个人苦苦承受要好，只有当事人知道这样的支持是否真的帮到重点，是否真正有效地解决了自己的问题。

寻找专业他人的支持需要有高效使用金钱的能力，以及足够的信任和价值判断力。这个部分又和决策力、联结力有重叠部分，这里就不展开来讲了。

一个没有求助力的人，即使再聪明能干，也会疲惫不堪，自然会觉得很多事情都压在自己身上，孤单又无力，时间被不断侵占和消耗。

求助不仅是给别人机会来帮助自己，也是成就他人，信任他人。

如果一个企业连离开管理者两三天都无法运转，那这个团队一定是处在能力和心智的低幼阶段，也一定跟这个管理者不会求助、不会授权

和教练有直接关系。

一个家庭也是一个团队，在家庭中，爸爸或妈妈如何学会求助和授权，如何教会别人帮助你，这是他们自己的责任，也是每个人需要学习的。

当你真的具备这种能力时，你就不会陷在永远也做不完的各种事务当中，会有许多时间被释放出来，你可以去做更多和你的天赋相匹配的事情。

你不是没天赋，你只是不敢把天赋展现出来

什么是天赋？

它是天分和热情的结合。

> 有一些人对一些事情，或是在一些领域里具备天生擅长的能力，并且天然就对这些事能保持极大的热情，就能比其他人以更快的速度成长起来，我们就说这个人做这个事是有天赋的。
>
> ——肯·罗宾逊《发现你的天赋》

做着喜欢的事情，投入、享受工作，还能顺便收获成果。

拥有这种状态的人，是天赋异禀的天选之子，还是通过后天学习获得才能的人呢？

我有一个学员，名叫小光，她大学毕业两年了，在一家传媒公司上班。今年，家里一直催着她去考教师编制，不停给她说教师工作多么好，多么稳定，多么好找对象。

小光是不想当老师的，但现在的这份工作吧，她既不讨厌也不喜欢，也不知道自己会不会一直做下去。

她不知道自己到底应该去做什么工作，更不知道该怎么和家人说清

楚自己未来的计划，让他们放心。

但她特别欣赏公司里的一位前辈，她说这位同事在工作上永远激情满怀，充满感染力，还非常有才华和创造力，拍的视频和写的文章都特别有水平。

最让小光羡慕的是她热爱工作的这股劲，她几乎天天都在工作，就算经常晚上直播到凌晨，第二天依然干劲十足。在去年的公司年会上，她作为优秀员工上台发言，小光说她整个人都是闪闪发光的，从她发言的神态都能看出她真的很喜欢自己的工作。

小光说自己就想成为这样的人，可她不知道自己到底喜不喜欢这份工作，也做不到对工作付出太多，甚至是全情投入。

小光问我："为什么她的精力能这么好？我每天下班就觉得累得不行了？"

我说："当一个人在做真心喜欢的事情时，是不会觉得苦和累的，更不需要调动自己浑身的毅力去咬牙坚持。就是喜欢做，让我停下来我都不乐意，这就是兴趣和天赋带来的力量。"

于是小光好奇地问我："怎么才能找到自己的兴趣和天赋呢？"

天赋，是每个人天生自带的生命种子。

不只是小光。

每次说到天赋，我总能听到有人说：

周老师，我不知道自己喜欢做什么，擅长做什么，怎么才能找到自己喜欢做的事。

我就是个普通人，我觉得自己没什么天赋呀！

其实，这是对自己的一种误解，也是对天赋的误解。

事实上，天赋是一个人的常量，是每个人都与生俱来的。

我们常说，这个世界上没有两片一模一样的叶子。

当然世界上也没有两个一模一样的人，你和其他人的差异点就是你天赋的起点。

如果仔细观察孩子，你会发现，有的孩子喜欢玩布偶洋娃娃，有的爱玩积木或拼图；有的喜欢和其他孩子一起做游戏，有的喜欢独处观察；有的孩子内心敏感，非常容易感觉到各种各样的情绪；有的孩子记忆力逻辑能力很强，能引经据典、旁征博引，但对情感的感知力很弱。

而且，即便喜好相似的孩子，也会有不同的呈现方式。比如都喜欢玩布偶洋娃娃的孩子，有的会玩扮家家，有的会给娃娃做衣服，有的喜欢为自己的娃娃构建活动空间。

你喜欢的，会无意识地吸引你的注意力的，不用特别费力就能做得还不错的地方，就隐藏着你的天赋密码。

天赋线索本身并不难发现，一个人喜欢什么，做什么事情得心应手，如果仔细去观察是很容易发现的。

而很多人在成长的过程中，自己的喜好和感觉太多被压抑，被否认，已经习惯了活在各种各样的标准中。所以，他们慢慢对自己的感受越来越不确定，自然也就遗忘了自己的天赋。

就好像一个人面对一桌子的菜时，是不需要问“嘿，你觉得我应该喜欢吃哪个菜？”这种问题的。你自然而然就知道自己喜欢吃什么，伸出筷子夹就好了。

如果不知道自己喜欢吃什么，就每种菜尝一小口，然后就知道了。

只有一种情况会使你变得不确定和茫然。

就是当你发现你喜欢吃虾的时候，你身边的人会试图阻止你，并告诉你“虾不好，虾的胆固醇很高，虾里面还有重金属，你不要吃虾”，然后他们可能会推荐你吃鱼，告诉你这个鱼有多好。

可你并不爱吃鱼，但又对自己原本的选择和感觉产生了质疑，于是你的筷子就会悬在空中。

次数多了，时间长了，你就慢慢迷失了自己，所以才会问出“那我到底喜欢什么”这样的问题。

很多人一直活在既定的标准中，被规训而不自知，所以会找不到自己，自然也就无法知道自己究竟想要什么。

挖掘天赋，找到实现自我的阶梯

天赋，是每个人天生自带的生命种子。

这个种子能不能破土发芽，茁壮成长，也受自己的内在动力和外部环境的影响，需要有土壤、温度、养分、水分、园丁的照顾，等等。

所以我们的天赋能否发挥出来，也取决于各种机缘和能力，其中十分重要的两个能力是：敏锐的自我抽离观察能力和对自我的确信与勇气。

对很多人来说，使用自己的天赋就像呼吸一样简单顺畅，只是他们并没有意识到。

当我们在熟练使用一种能力的时候，我们往往意识不到我们已经在使用它了，甚至不觉得这是一种能力或天赋。

我的一个大学同学小 A，平时寡言少语，成绩普通，在班上属于存在感比较低的女生。毕业多年，我却一直记得她，因为一次她不在场的旅行，她留给了我深刻的印象。

那次我们几个同学去旅行，本来小 A 也要同去的，后来她因为临时有事来不了，她就专门给我们准备了一大包零食，在火车站送给大家。

当我们在火车上打开她准备的零食袋时，被里面品种丰富的零食惊呆了。不仅零食种类非常丰富，还有她切好的用保鲜盒装着的水果。我们吃完零食包里的鸭脖子，手上黏糊糊时，又在她准备的零食包里找到了一盒消毒湿巾。当我们吃不完一包坚果时，发现零食包里竟然还准备了防潮的封口夹。

一位男同学感动极了，忍不住说："谁能娶到她，就太有福气了！"

后来我们一直夸她，小A却觉得这没什么了不起的，她不过是做点"婆婆妈妈的小事情"，大家都会做。

而事实上，除了她自己之外，所有同学都能看到她的天赋：细心、周到。

在我看来，这些可不是婆婆妈妈的小事，要做到这么周到细心，需要有很精微的感知力。

而且她有意愿，并且非常乐意做这些服务他人的事情，能乐在其中。要做到这些，对我来说非常费劲，并且，即使我花费很多时间去做，也不一定有她做得好。

做这些事对小A来说太容易了，所以她和很多人一样，没有通过敏锐的自我抽离观察能力辨识出自己的天赋。

后来，小A的婚姻并没有很幸福，事业也没有很大的发展。因为她太自卑了，太习惯否认自己了，她缺少对自我的确信与勇气，也没有足够的关系支持系统帮助鼓励她把天赋真真正正发挥出来。

有时我会想，如果她自信一点，有野心一点，有勇气一点，被鼓励和信任多一点，她会是什么样子呢？

也许，她会成为一个收纳达人，甚至家居设计师，能帮很多人把家里弄得干净整洁，方便收拾，方便整理，所有常用的东西都顺手就能拿着用，让很多人的幸福指数飙升。

也许她会成为一个出色的产品服务经理，或者成为一个五星级酒店的服务标准品控主管，让所有入住的客人都能获得细心的服务，在好多细节中被感动，获得惊喜。

也许她会成为一家公司优秀的总经理助理，帮助日理万机的总经理把事务打点得有条不紊，从饮食到日程安排，安排得妥妥当当。

也许，她会成为优秀的家政服务达人，或者像日本机场那个达人清洁阿姨一样，出书，开培训课，在自己的服务行业做到极致，甚至重新定义服务行业的标准。

天赋，是我们的特点，是自我实现的阶梯，它让我们的生活拥有更多的创造性和可能。

可是很多人都埋没了自己的天赋，如果不能让自己身体里天赋的种子茁壮生长，而是否认它，忽视它，我们的生命也会因此变得黯淡，失去它应有的色彩。

不断精进，做独一无二的自己

所以，当我们想要开启自己的天赋，就需要改变对待自己生命的态度，增强内在的勇气和信心，也就是提升我们的自爱力。

当我们能正确认识自己，看待自己，同时懂得真正爱自己时，我们身体里天赋的种子，才能被看见和珍惜，并最终破土而出。

首先，请你一定要相信三件事情：

第一，我们每个人的生命都是独一无二的。

每个人的出生都经历了一系列环环相扣的选择。在你出生之前，所有人的偶遇、结合都缺一不可。我们每个人的出生都是一个奇迹。

每个人都以自己的独特方式结合了这些遗传因素和其他个人特质，这些特质的组合和你生命中的各种经历造就出独一无二的你。

相信包括我们自己在内的每个生命是独一无二的，是对我们的生命最大的重视。

当我们重视自己的生命，便不会看轻低估我们的天赋及其可能性。

第二，有勇气去创造属于自己的人生。

没有一条标准的道路能保证让你一旦走上去就必然会成功幸福，你只有敢于冒险，对未来保持足够的好奇，自己去探索和创造，才能拥有未来的更多可能性。

就像心理学家荣格说的一样："我不仅是过去经历的结果，更是自己选择的未来。"

有信心和勇气开创自己的未来，你想要的未来才可能发生。而且人生也不仅仅是那么几次大选择决定的，很多的大选择之后还有许多许多的小选择，而一系列的小选择又会把你推向一个需要面对不同的大选择的地方。

第三，不断地学习，使自己成长。

人生是需要做选择的，选择安全就需要让渡一部分自由。想要自由和更多的可能性，就需要更强大的内心去面对和承受自由带来的不确定性。

当一个人内心没有足够的力量时，是不太有信心去选择自己的道路的。原因很简单，那就是没有先例，你没有可参考的范本，这条路上你可能会孤单。而我们身边的亲人朋友能给我们的支持只能是在他们的世界和认知中能理解的支持。

但学习成长可以支撑我们走稳这条道路，我这里说的学习不是指技能或知识的累积，而是内在的成长，去厘清自己，扩展认知，磨炼心性，这些能帮助你开阔眼界，获得力量，以应对未来人生中的挑战，做出智慧的选择。

天赋，不是人生赢家才有的专属的东西。

它就存在于我们的身体里，隐藏在平时的兴趣和热爱中，甚至在被我们遗忘和忽视的内心中。

只有当我们能够了解自己、相信自己和爱自己时，我们才有能力发现自己的天赋，并坚定地走向自己的天赋之路。将这种天赋融入工作和生活中，让我们能更好地创造幸福的生活，我们的生命会因此得到扩展，变得更加丰富、宽广，更加坚韧，生命的圆满便由此而来。